# 도쿄 근교를 산책합니다

# 도쿄 근교를 산책 — 합니다

이예은 에세이

일상인의
시선을
따라가는

**작은 여행,**
**특별한 발견**

세나북스

# 작가의 말

저는 여행을 마음의 스트레칭이라고 부릅니다. 아무리 바른 자세라도 오랫동안 동작을 바꾸지 않으면 근육에 피로가 쌓이듯, 즐겁고 감사한 일상도 매일 반복하다 보면 마음이 무뎌지기 마련이지요. 그럴 때는 평소 생활 반경에서 벗어나 낯선 풍경과 사람을 만나고, 새로운 가치관과 삶의 방식을 배우는 시간이 필요합니다. 영혼의 환기를 위해서요.

2015년 도쿄 소재의 대학원에 입학하며 본격적인 일본 생활을 시작한 제게 도쿄는 제법 익숙한 도시입니다. 지금껏 도쿄에서 공부하고, 총 세 군데의 직장에서 일했으며, 도쿄에서 만난 사람과 결혼했으니까 더 이상 이곳을 여행지가 아닌 삶의 터전이라 불러야 할 것입니다.

잘 알려져 있듯이 도쿄는 한 나라의 수도답게 가장 국제적이고, 복합적이며, 일본의 '최첨단'과 '최신'이 밀집된 공간입니다. 하네다 공항에 처음 내린 순간부터 지금까지 저에게도 도쿄는 영감과 발견이 끊이지 않는 흥미진진한 도시였습니다. 그런데 가끔은 같은 이유로 무언가에 쫓기는 기분이 들기도 합니다. 잠시 쉬어 가는 것만으로도 남들에게 뒤처지고, 흐름에 도태될지 모른다는 불안감이요. 그렇게 나만의 페이스를 잃고 이리저리 휩쓸리다 보면, 어느새 삶은 반짝임을 잃고 마음은 녹슨 철처럼 무뎌지고 맙니다. 바로 그런 순간, 일상과의 거리 두기가 필요합니다.

이 책은 '도쿄에 사는 사람들은 주말에 어디에 갈까'라는 호기심에서 출발했습니다. 지난 수년간, 한 달에 한 번꼴로 전철과 버스를 타고 도쿄 근교 도시를 찾았습니다. 그리고 제 일상을 더 풍요롭게 하는 총 스무 번의 만남에 이르렀습니다. 도쿄를 조금만 벗어나도 전철 밖 풍경이 극적으로 바뀝니다. 소박하지만 분명한 도시와 마을의 특징이 눈에 들어옵니다. 비록 세련된 멋이나 트렌드와는 거리가 멀어도, 주민들이 애정을 갖고 오랫동안 가꿔온 문화와 꾸밈을 덜어낸 삶이 특별한 여운을 남깁니다. 도쿄 근교를 산책하며 발견한 낯선 나라의 이야기를 더 많은 이와 나누고 싶었습니다.

첫 번째 장에서는 각 지역을 대표하는 음식을, 두 번째 장에서는 인상 깊게 감상한 일본 영화와 드라마, 애니메이션, 소설 등 미디어 콘텐츠를, 그리고 세 번째 장에서는 일본에 살면서 새로운 의미를 알게 된 문화 관련 키워드를 주제로 엮었습니다. 산책기와 함께 전하는 문화 이야기는 전문적이고 학술적인 내용보다는 현지에서 생활하며 자연스럽게 스며든 감상에 가깝습니다. 각 지역의 역사와 문화에 관한 정보는 방문한 지역의 공식 관광 사이트와 업체의 공식 홈페이지, 팸플릿, 현지 직원의 설명 등으로부터 도움을 받았습니다. 본문에 직접 인용하지 않았지만, 취재와 집필 과정에서 참고한 도서와 지역별 공식 관광 사이트 목록도 참고 자료에 정리했습니다.

이 책은 가이드북이 아닙니다. 각각 책 한 권을 헌정해도 부족한 도시의 일면을 한 편의 에세이에 담았기에, 훌륭한 안내자 역할을 하기에는 턱없이 모자랍니다. 글과 함께 소개한 '가 볼 만한 곳'은 직접 방문한 뒤, 지역의 색채가 드러나는 장소와 명물 요리를 중심으로 선별하려 노력했습니다. 하지만 제가 도쿄를 둘러싼 모든 도시와 마을을 소개할 수 없었듯, 추천 명소도 개인적인 취향과 경험의 한계로부터 자유롭지 않습니다. 저는 어쩔 수 없이 신사나 절보다는 공원과 미술관을, 세련된 카페와 베이커리보다는 정겨운 노포와 선술집을 선호하는 사람이거든요. 또, 산책이라는 테마에 걸맞게 대중교통만으로도 접근할 수 있는 곳을 우선시했습니다. 이 책이 도쿄 생활자와 여행자가 도시 밖에 대한 호기심을 품는 자그마한 계기가 된다면 기쁘겠습니다.

저의 기록은 독자님께 읽히는 순간, 더 이상 제 것만은 아니게 됩니다. 이 여행기가 어떤 분께 닿아 또 다른 색과 모양의 경험을 꽃피우게 될지 무척 궁금합니다. 사실 그 기대감에 여행 에세이를 쓴다 해도 과언이 아니겠지요. 혹시라도 책의 감상이나 여행 후기를 SNS나 리뷰에 나누어 주신다면, 힘닿는 데까지 찾아가겠습니다.

마지막으로 많은 여정을 함께해 준 남편과 일본에 사는 친구들, 게으른 작가의 원고를 4년이나 기다려 준 세나북스 최수진 대표님, 그리고 수많은 여행 에세이 틈에서 『도쿄 근교를 산책합니다』를 선택해 주신 독자님께 깊은 감사를 전합니다.

2023년 가을 일본에서

이예은 드림

Contents

작가의 말 _004

## 첫 번째 산책: 음식, 오래 기억될 맛과 향

가나가와현 미우라 _016

마구로: 시대가 만든 참치의 어생역전

가나가와현 에노시마 _028

돈부리: 섞이지 않을 자유, 그리고 외로움

가나가와현 오다와라 _040

가마보코: 낯선 도시에서 만난 그리운 향

가나가와현 요코스카 _052

해군 카레: 카레 한 그릇에 담긴 모순

도치기현 닛코 _064

유바: 담백해서 좋은 여행

시즈오카현 시즈오카 _78

차: 차를 사랑하는 이들의 도시

시즈오카현 하마마쓰 _94

우나기: 여름을 기다릴 이유

## 두 번째 산책: 콘텐츠, 마음을 두드리는 감성


가나가와현 가마쿠라 _110

영화 「바닷마을 다이어리」: 당신의 가족은 안녕한가요

가나가와현 하코네 _126

애니메이션 「신세기 에반게리온」: 나의 사춘기 시절에게

나가노현 가루이자와 _142

드라마 「콰르텟」: 음악이 건넨 위로

니가타현 유자와 _158

소설 『설국』: 기댈 수 있는 환상

사이타마현 도코로자와 _176

애니메이션 「이웃집 토토로」: 내면 아이를 깨우는 산책

시즈오카현 아타미 _188

소설 『금색야차』: 그 시절, 일본인의 신혼여행지

## 세 번째 산책: 키워드, 낯선 사회를 들여다보는 창


가나가와현 요코하마 _206

이이토코토리: 동서양의 문화, 좋으면 취한다

군마현 구사쓰 _220

온천: 온기가 필요한 순간

사이타마현 가와고에 _234

에도: 잃어버린 에도의 향취를 따라

야마나시현 후지카와구치코 _248

후지산: 후지산의 맨 얼굴을 보다

이시카와현 가나자와 _262

공예: 일상 예술이 넘쳐흐르는 곳

지바현 나리타 _278

하쓰모데: 한 해를 여는 사찰

지바현 사쿠라 _290

사무라이: 무사와 칼, 그리고 벚꽃

**부록** _304

**참고자료** _310

## 일러두기

일본어 발음 표기는 한국어 외래어표기법을 따랐습니다(구사쓰, 지바현, 하쓰모데 등). 단, 일부 관용적 표기나 인명, 구어체는 현지 발음에 가깝게 표기했습니다(시라스동, 치카, 토우지 등).

책과 정기 간행물 제목은『 』, 드라마나 영화, 애니메이션, 방송 프로그램 제목은「 」, 그림은 〈 〉로 묶었습니다.

필요시 현지인에게 보여줄 수 있도록 업체 주소는 일본어로 표기했으며, 문의처에 전화번호를 기재한 경우 일본 국번(+81)은 생략했습니다.

본문에 게재된 사진은 모두 저자가 직접 촬영했습니다. 저작권은 저자에게 귀속됩니다.

## 현지 시설 이용 tip

책에서 소개한 관광 정보는 현지 사정에 따라 상시 변경될 수 있습니다. 일본은 시설의 정기 휴무일이 일본 공휴일과 겹친다면, 일반적으로 그다음 평일에 쉽니다. 연말연시에는 문을 닫는 곳이 많고, 비정기 휴무도 있으니 방문 전 확인하는 편이 좋습니다.

박물관과 미술관은 방문 전 예약이 필요하거나, 홈페이지에서 판매하는 사전 티켓이 더 저렴한 경우가 많습니다. 또, 예약하지 않고 찾은 식당 앞에 대기 줄이 있다면, 무작정 서서 기다리기보다 대기 명단이나 번호표 발급기가 있는지 문의해 보시기 바랍니다.

인적이 드문 자연이나 대중교통이 발달하지 않은 곳에서는 안전을 위해 일행과 함께 이동하거나 해가 지기 전 일정을 마무리하시기 바랍니다.

산책길에 마주친 나에게 다정했던, 퉁명했던,

그리고 무심했던 모든 사람들에게

# 첫 번째 산책:

# 음식, 오래 기억될 맛과 향

## 가나가와현 미우라三浦

# 마구로: 시대가 만든 참치의 어생역전

참치 회와의 첫 만남은 첫사랑의 기억만큼이나 강렬하게 남아 있다. 때는 일본어의 기본 문자인 히라가나도 몰랐던 20대 초반, 장소는 일본인이 운영하는 홍콩의 자그마한 이자카야였다. 홍콩에서 대학교를 다니며 과외로 용돈을 벌던 나는 작은 보상이라도 필요했는지, 큰맘 먹고 가장 비싼 사시미 단품 메뉴를 주문했다. 현지 발음대로 적힌 이름 탓에 무슨 생선인지도 모른 채. 그래도 가격이 우리나라 돈으로 몇만 원은 나갔기에 푸짐한 회 한 접시를 예상했는데, 흰 줄이 그어진 분홍빛 사시미가 달랑 세 점 나와 속은 기분이 들었다. 그런데 반신반의하는 마음으로 한 점을 입에 넣었을 때의 황홀감이란. 고소한 풍미만 남기고는 입에서 눈처럼 녹던 그 느낌은 그때까지 먹어 본 다른 생선과는 차원이 달랐다. 그 경험이 나에게 미식의 신세계를 열어 주었으니, 음식값이 입장권이었다 생각하면 전혀 아깝지 않다.

당시 맛본 부위는 아마도 참치의 앞쪽 대뱃살, 오도로大トロ였을 것이다. 그런데 사시미를 내어주던 직원이 친절하게 '이건 혼마구로예요'라고 일러주셨기에, 나는 한동안 그것이 내가 몰랐던 생선 이름이라고 굳게 믿었다. 나중에서야 마구로まぐろ가 참치의 일본어이고, 혼마구로本まぐろ가 고급 참치 어종인 참다랑어를 뜻한다는 사실을 알고서 얼마나 부끄러웠는지 모른다.

여전히 일본어가 완벽하지는 않지만, 원하는 음식쯤 척척 주문할 수 있게 된 지금도 식당이나 슈퍼에서 혼마구로 오도로를 보면 그때의 기억이 떠오른다. 당시에는 생경했던 참치 회가 일본에서는 비교적 대중적인 음식이다 보니, 마주칠 때마다 감회가 새롭기도 하다. 실제로 일본은 참치를 가장 많이 먹는 나라로 꼽히며, 특히 횟감 중 최고로 치는 참다랑어는 전 세계 어획량의 약 80%가 일본에서 소비된다고 한다. 동네 슈퍼마켓에만 가도 참치 사시미와 스시는 물론, 주사위 모양으로 토막 낸 새빨간 마구로부쓰まぐろぶつ, 참치살을 잘게 다진 선홍빛 마구로타타키まぐろたたき 등 각양각색의 참치 회가 뷔페처럼 펼쳐진다. 고급 레스토랑에서도 선호하다 보니, 크고 질 좋은 참치라면 경매에서 한 마리에 수억 원에 낙찰되기도 한다. 어쩌면 일본에서 참치 회는 사회적, 경제적 차이를 넘어 많은 이들의 일상을 지탱하는 국민 음식인지도 모르겠다.

그런데 이토록 귀한 대접을 받는 참치가 한 세기 전만 하더라도 버리는 생선이었다고 하면 믿어질까. 실제로 에도 시대(1603~1868)에 참치는 고양이도 외면하고 뛰어넘어 간다는 뜻에서 '네코마타기猫跨ぎ'라고 불렸다. 지방이 많아 쉽게 부패했기 때문이다. 그러던 20세기 중엽, 냉동과

냉장 수송이 발달하면서 참치의 진가가 드러나기 시작했다. 담백한 생선을 선호하던 일본인들도 대학생 시절의 나처럼 기름진 참치 맛에 눈을 떴다. 폭증한 수요를 공급이 따라가지 못하자 자연스레 참칫값은 천정부지로 치솟았고, 그 어떤 생선보다도 극적인 역전 신화를 쓰게 됐다. 참치를 퇴비나 사료로 썼던 옛날 사람들이 알면 아연실색할 노릇이다.

참치의 재발견에 힘입어 도쿄에 참치를 대던 미우라 반도의 미사키항도 전성기를 맞았다. 도쿄만과 사가미만을 나누는 미우라 반도 끝자락에 자리한 미사키항에는 에도 시대부터 생선 상인들이 모여 살았다. 그러던 1920년, 미사키어시장이 문을 열면서 미사키항은 배가 정박하고 상품의 출하 준비를 하는 어업용 항구로 거듭나게 된다. 일본 근해에서만 물고기를 잡던 1930년대에도 미사키항은 높은 참치 어획량을 자랑했으며, 조선술이 발전한 1950년대에는 탄탄한 어민 네트워크와 아낌없는 설비 투자에 힘입어 참치 원양 어업의 거점으로 번성했다. 지금은 참치로 유명한 다른 어항도 전국에 많이 생겼지만, '참치 하면 미사키항'이라는 한 번 각인된 이미지는 쉽게 지워지지 않는 법. 미사키항으로 들어와 숙련된 전문가에게 감정받은 미사키 참치는 고유한 브랜드로 자리 잡았다.

도쿄에서도 미사키 참치를 제공하는 식당은 여럿 있지만, 현지에서 맛보는 즐거움에는 비할 수 없다. 전철을 타고 미우라 반도로 향하던 날, '참치를 어떻게 먹을까'라는 행복한 고민이 머릿속을 가득 채웠다. 두툼하게 썬 참치 회를 밥 위에 푸짐하게 올려 먹는 마구로동まぐろ丼은 정석

중의 정석이고, 참치 사시미와 공깃밥, 국으로 구성된 한상차림은 집밥 처럼 푸근하다. 참치 뼈와 살로 맛을 낸 마구로 라멘まぐろラーメン은 이곳의 별미이고, 이자카야에서 파는 튀김과 구이도 저마다의 특색이 있을 터. 입맛을 다시며 한참을 고심한 끝에 결정을 내렸다. 정교하게 손질한 생선 살을 밥에 올려 먹는 일식의 대표 주자, 스시를 먹기로.

미우라해안역 앞에 늘어선 수많은 참치 전문점을 지나, 푸른 외관과 붉은 간판이 눈에 띄는 회전스시 가이센에 들어갔다. 매일 아침 시장에서 싱싱한 재료를 공수해 합리적인 가격으로 스시를 제공하는 가게다. 특히 참다랑어는 미사키항에서 잡아 올린 200kg 이상의 최상급만을 고집한다고 한다. 회전초밥집이라고는 하지만, 컨베이어벨트 위에 돌아가는 메뉴는 음료와 디저트뿐이고, 스시는 손님이 주문하면 즉석에서 만들어 내는 방식이라 신선함도 보장된다.

대부분의 방문객이 참치를 먹으러 와서인지, 참치의 다채로운 맛을 한번에 만끽할 수 있는 '마구로 만개 세트' 메뉴가 준비되어 있었다. 내 마음을 읽은 듯 푸짐한 구성과 합리적인 가격에 망설임 없이 한 세트를 주문했다. 모자 밑으로 모근이 까끌까끌 돋아난, 단정하고 과묵한 조리장이 신속히 한 상을 차려 주었다. 두꺼운 나무 도마에 꽃잎처럼 펼쳐진 열네 점의 스시는 마치 다른 생선에서 뜬 것처럼 생김새도 색깔도 제각각이었다.

먼저 선명한 붉은빛을 자랑하는 속살 아카미赤身를 집었다. 사각거리며 썰리지만 씹을수록 은근한 찰기가 느껴진다. 비린 맛이 전혀 없는 가

벼운 식감이 뒤이어 맛볼 기름진 스시의 맛을 극대화해 줄 것 같다. 곧바로 마블링이 더해진 옆구리살 주도로中トロ를 골랐다. 선홍 빛깔의 살점에 하얀 지방이 빗금처럼 새겨져 있어 더욱 탐스러워 보인다. 도로トロ는 '녹다'라는 뜻을 가진 단어인 도로케루蕩ける나 녹진한 질감을 표현하는 도롯토스루トロッとする에서 유래했다고 추정된다. 이름에 도로가 들어가는 부위는 혀에 닿는 촉감이 마치 비단 이불처럼 시원하고, 조금만 있어도 사르르 녹는다. 그중에서도 살코기와 지방의 비율이 절묘한 주도로는 씹을 때마다 터져 나오는 육즙과 꼬들꼬들한 식감의 조화가 예술이다. 하지만 클라이맥스는 역시 혼마구로 오도로. 그물처럼 촘촘한 마블링 탓에 색은 벚꽃 잎처럼 연하고, 윤기 나는 표면은 조명 아래에 쉴 새 없이 반짝인다. 입 안에 넣어 살짝만 눌러도 버터가 녹듯 육즙이 왈칵 쏟아진다. 참치살의 시원한 바다 내음과 고유의 단맛이 입안을 채우고, 알싸한 고추냉이와 간장, 그리고 새콤달콤한 밥과 조화롭게 섞인다. 차오르는 만족감에 스시를 선택한 나 자신을 칭찬했다. 그 밖에도 참치 껍질에 붙은 젤라틴을 된장소스에 버무린 스시와 참치 볼살 구이 스시 등 처음 경험하는 메뉴를 음미하며 식사를 마쳤다. 양질의 참치뿐 아니라 희소 부위를 맛볼 수 있다는 점도 미우라에서 참치를 먹는 이유 중 하나일 것이다.

참치 하나만으로도 미우라를 방문할 이유는 충분하지만, 당연히 식사가 미우라 여행의 전부는 아니다. 식당을 나와 소금기 가득한 공기를 마시며 걸어간 미우라 해변은 보드라운 모래의 감촉과 잔잔한 파도 소리로

일상에 지친 나를 토닥여 주었다. 또 전철이 닿지 않는 미사키항까지 버스를 타고 굽이굽이 달려가자, 오랫동안 바다에만 의지해 온 한갓진 어촌 풍경이 펼쳐졌다. 낯선 장소였지만, 바닷물의 짭조름함과 음식점에서 풍기는 고소한 생선 냄새는 우리나라에서도 맡아 본 그리운 향이었다.

매일 수백 마리의 참치 떼가 꽁꽁 언 채 바닥에 누워 값이 매겨질 미사키 어시장은 아쉽게도 팬데믹의 여파로 견학이 중단된 상태였다. 대신 수산물과 채소 등 지역 특산품을 파는 시장이 있어 시간 가는 줄 모르고 구경했다. 미우라 연안을 유람하는 작고 귀여운 관광선에도 올랐다. 승객이 던지는 과자를 곡예 부리듯 낚아채는 솔개와 갈매기, 그리고 바다에 모이를 뿌리자 배 주변으로 몰려드는 물고기 떼를 넋 놓고 바라보았다.

반도 최남단에 위치한 조가시마도 빠질 수 없다. 철철이 수국과 수선화 등 고운 꽃이 피고, 바다가마우지와 펠리컨 등 물새가 쉬었다 가는 자연 생태계의 보고다. 해안가를 따라 걷다 보면, 태평양의 파도와 바람이 조각한 신기한 모양의 바위와 절벽이 장엄하게 펼쳐진다. 바위틈이나 숲속에서 섬 고양이들이 불쑥불쑥 튀어나와 의도치 않게 산책의 기쁨을 더해 주기도 한다. 자연이 주인공인 마을은 어떤 대도시보다도 넉넉한 품으로 여행자를 반겨준다. 이런 풍경을 벗으로 삼는다면 무엇을 먹는다 한들, 화려한 진수성찬이 부럽지 않을 것이다.

살다 보면, 본질이 바뀌지 않아도 상황이 바뀐 탓에 대우가 달라지는

경우를 종종 본다. 그 옛날, 기름지다는 이유로 천대받던 참치가 지금은 똑같은 이유로 선호되듯이 말이다. 먼바다를 자유롭게 헤엄치던 참치에게는 재앙이나 마찬가지였겠지만, 인정받으려 애쓰거나 억지로 자신을 바꾸지 않아도 그럴 만한 가치가 있다면 언젠가 세상이 알아준다는 메시지는 꽤 희망적이다.

미우라에서 반나절을 보내고 돌아오는 전철 안, 창 너머로 지는 붉은 노을이 참치 색으로 보여 또다시 입 안에 침이 고였다.

산책 tip

산책의 시작점인 게이큐 구리하마선 미우라카이간역三浦海岸駅 또는 미사키구치역三崎口駅에서 식사와 해변 산책을 즐긴 뒤, 미사키항과 조가시마까지는 노선버스로 이동했다. 시나가와역品川駅, 가와사키역川崎駅, 요코하마역横浜駅 등 주요 역에서 미사키 마구로 티켓みさきまぐろきっぷ을 구입하면, 미사키구치역까지의 왕복 승차권과 게이큐 버스 무료 승차권, 가맹점에서 이용 가능한 식사권과 체험 프로그램을 저렴하게 이용할 수 있다.

가 볼 만한 곳

**미사키도넛 미사키본점**ミサキドーナツ三崎本店

가나가와현에 여러 체인을 보유한 수제 도넛 브랜드의 본점이다. 상점가에 있는 2층 규모의 카페는 고즈넉하면서도 아기자기한 인테리어 덕에 오래 머물고 싶게 만든다. 다채로운 코팅과 필링을 가미한 통통한 도넛도 물론 훌륭하다.

**주소** 神奈川県三浦市三崎3-3-4

**문의** misakidonuts.com

**미사키 피셔리나 워프 우라리**三崎フィッシャリーナ・ウォーフうらり

산지 직송 센터 우라리 마르쉐うらりマルシェ와 음식점, 관광 센터 등이 입점한 복합 시설로 전통 시장에 온 듯한 분위기가 정겹다. 미사키어시장과 가까우며, 건물 앞에서는 수중관광선 니지이로사카나호にじいろさかな号와 조가시마로 가는 페리 등이 출발한다.

**주소** 神奈川県三浦市三崎5-3-1

**문의** www.umigyo.co.jp

**비치엔드 카페**ビーチエンド カフェ

하염없이 걷고 싶은 미우라 해변 끝자락에 자리한 카페. 전망 좋은 테라스와 2층 창가 자리는 노을 명소이기도 하다. 음료와 디저트뿐 아니라 해산물 요리와 파스타 등 식사 메뉴도 풍성하게 갖췄다.

**주소** 神奈川県三浦市南下浦町菊名1089-18

**문의** beachendcafe.com

**조가시마**城ケ島

때묻지 않은 자연을 만끽할 수 있는 최고의 트레킹 코스. 바닷물의 침식으로 가운데에 동그란 구멍이 생긴 우마노세도우몬馬の背洞門은 섬에서 가장 붐비는 포토 스폿이다. 여름에는 수국을, 겨울에는 가마우지를 볼 수 있는 가나가와현립 조가시마 공원神奈川県立城ケ島公園도 필수. 맑은 날에는 미사키 피셔리나 워프 우라리에서 자전거를 대여해 시원한 바닷바람을 가로지르며 사이클링을 즐겨도 좋다.

**주소** 神奈川県三浦市三崎町城ケ島

**문의** jogashima-park.jp

### 회전스시 가이센回転寿司 海鮮

주문 즉시 조리장이 만들어 주는 소문난 스시 전문점. 미사키항에서 잡히는 신선한 생선을 중심으로 만든 수십 가지 스시를 맛볼 수 있다. 마구로 만개 세트와 오도로 1인 세트, 미사키 지역 생선 세트 등 합리적인 가격에 제공하는 세트 메뉴도 인기다.

**주소** 神奈川県三浦市南下浦町上宮田3372-18

**문의** www.kaisen1990.com

## 가나가와현 에노시마江の島

## 돈부리: 섞이지 않을 자유, 그리고 외로움

사람과 사람 사이에 놓인 필연적 거리는 우리를 자유롭게도 하지만, 이따금 사무치는 외로움을 불러일으키기도 한다. 특히 혼자만의 공간이 발달하고 타인의 삶에 쉽게 개입하지 않는 일본 사회를 경험해 보았다면, 그 물리적, 정서적 거리감이 지닌 양면성을 한 번쯤 느껴보았으리라.

모처럼 고독을 음미하고픈 여행자에게 일본의 대도시는 더할 나위 없는 선택지다. 일찍이 혼자서 밥을 먹는 문화가 정착된 덕에 1인 테이블과 카운터석이 마련된 식당과 카페, 술집이 즐비하다. 한 몸 누이기 딱 좋은 저렴한 1인 실이나 캡슐 호텔도 쉽게 찾을 수 있다. 누구의 방해도 받지 않은 채 나 홀로 쾌적한 여행을 만끽하기에 이만한 곳이 또 있을까.

하지만 혈혈단신 일본 땅에서 살아가는 입장이라면 이야기가 달라진다. 무엇이든 공유하며 친해지는 우리나라 사람들에 비해 일본인은 내 것과 네 것의 구분이 확실한 편이다. 친한 사이에서도 더치페이가 기본이고, 연애나 결혼 여부와 같은 사적인 질문도 잘 하지 않는다. 친구와의 약속도 맛집 예약하듯 한 달 전쯤 잡다 보니, 즉흥적인 만남은 상상하기 어렵다. 매일 같이 연락하거나 갑자기 집 앞으로 찾아갈 수 있다는 커플도 우리나라에서만큼 잘 보지 못했다. 회사에서도 마찬가지다. 같은 팀에서 일하더라도 휴대폰 번호는커녕 라인 계정을 모르는 경우가 많고, 점심도 각자 알아서 해결하는 것이 일반적이다. 사람 사이의 거리가 가까운 정 문화에 길들어져 있다면, 일본 생활에서 불쑥불쑥 찾아드는 고립감은 견디기 어려울지도 모른다.

사람을 대하는 방식에서 드러나는 한국인과 일본인의 차이를 나는 두 나라의 밥 요리에 곧잘 빗대곤 한다. 우리나라의 비빔밥이나 식사의 마지막에 나와 우스갯소리로 '코리안 디저트'라고도 불리는 볶음밥은, 밥과 토핑이 한 몸처럼 뒤범벅된다. '우리'라는 틀 안에서 말 그대로 지지고 볶으며 서로에게 동화되는 인간관계를 보는 듯하다. 한편, 일본의 덮밥인 돈부리丼는 토핑과 흰 밥의 경계가 뚜렷하다. 입에 넣기 직전까지도 둘을 완전히 섞지 않음으로써, 재료 본연의 맛을 유지한다는 점도 큰 차이다. 혹시 아무리 친한 사이에서도 타인의 영역을 함부로 침범하지 않는 일본인의 성향이 무의식중에 음식에도 반영된 것은 아닐까.

어느 쪽이 맞고 틀렸다고 할 수 없는 문화 차이일 뿐이지만, 음식 취향만 보면 나는 덮밥 파에 가깝다. 재료 하나하나의 맛을 음미할 수 있는 데다가, 숟가락을 뜰 때마다 밥과 재료의 비율을 마음대로 조절할 수 있다는 점이 마음에 들어서다. 그러다 보니 일본을 여행할 때도 현지 특산물을 활용한 덮밥이 있으면 꼭 한 번씩 먹어 보는데, 에노시마의 시라스

덮밥 혹은 '시라스동しらす丼'도 즐겨 찾는 메뉴 중 하나다.

사가미만을 면한 가나가와현 에노시마는 둘레 4km에 불과한 섬이지만, 자연이 빚어낸 해식 동굴과 552년부터 존재한 유서 깊은 신사 덕분에 오랫동안 관광 명소로 사랑받아 왔다. 멸치나 정어리, 은어 등의 치어를 일컫는 시라스しらす는 에노시마를 대표하는 특산품으로, 매년 봄이 되면 태평양의 구로시오 난류를 타고 에노시마가 떠 있는 사가미만으로 들어온다.

덕분에 에노시마 사람들은 오래전부터 시라스를 다양한 방식으로 즐겨 왔다. 김처럼 얇게 이어 붙인 뒤 바싹 말린 다다미이와시たたみいわし는 수백 년 전부터 만들어 먹었다고 하며, 1960년대 이후에는 냉장고가 보급되면서 갓 잡은 시라스를 한 번 삶은 뒤 햇볕에 건조한 덴피보시시라스天日干ししらす와 소금물에 살짝 데치기만 한 가마아게시라스釜揚げしらす, 그리고 날것 그대로 먹는 나마시라스生しらす가 인기를 끌기 시작했다. 오늘날에는 피자와 파스타, 심지어 아이스크림에까지 시라스를 넣은 진풍경을 볼 수 있다. 하지만, 현지인과 관광객 모두가 꾸준히 찾는 메뉴는 역시 윤기 나는 흰 쌀밥에 가마아게시라스나 나마시라스를 듬뿍 올린 덮밥, 시라스동이다.

모처럼 시라스동이 생각나 에노시마로 향한 어느 겨울날. 하늘은 지나치게 푸르고 선명해서 마치 증명사진의 배경처럼 비현실적이었다. 그 아

래에서는 파도에 부서진 햇살이 그 어떤 보석보다도 영롱하게 빛나고 있었다. 후지사와에서 에노시마로 향하는 다리를 건너기 전, 탁 트인 바다 앞에 위치한 신에노시마 수족관을 먼저 방문했다. 수조 안에서 살아 움직이는 시라스를 만나기 위해서였다.

신에노시마 수족관의 코너 중 하나인 시라스 사이언스シラスサイエンス는 시라스를 주제로 한 아마도 세계 최초의 상설전이다. 수족관에서 직접 번식과 사육을 도맡고 있으므로, 사진과 동영상은 물론 수조를 통해 시라스의 성장 과정을 생생히 관람할 수 있다. 식탁 위에 오르는 시라스는 대부분 태어난 지 1개월쯤 된 치어로, 비늘이 아직 돋지 않아 온몸이 투명하고, 움직임도 굼뜨다고 한다. 내가 방문했을 때는 한쪽에서 부화한 지 2개월이 지난 시라스 떼가 회오리를 만들며 헤엄치고 있었다. 손톱만 한 은빛 물고기들의 분주한 움직임이 신비롭기도 하고, 애틋하기도 했

다. 다른 한쪽에는 새끼손가락만큼 자란 성어가 유려한 몸짓으로 짙푸른 수조를 헤집는 중이었다. 에노시마 수족관에서 기르는 시라스 종은 우리나라에서도 자주 쓰는 멸치이므로, 생김새는 친근했다. 그렇지만 요리의 재료가 아닌, 해양 생물로서 전시된 시라스를 보는 일은 무척 신선한 경험이었다. 우리는 보통 음식을 먹으면서 그 재료가 살아 있었던 과거나 살아 있었을지도 모르는 미래를 상상하지 않으니 말이다.

수족관을 나와 바다를 가로질러 에노시마로 향했다. 모래사장에서 흙을 가지고 그럴듯한 돌고래를 만드는 청년들, 후지산이 보이는 해변에서 기모노를 입고 촬영에 열중하는 커플, 그리고 겨울바람에도 아랑곳하지 않고 보드 하나에 의지해 파도에 몸을 맡기는 서퍼들…. 다리를 건너며 스치는 휴양객들의 비일상적인 모습에 덩달아 마음이 들떴다.

점심을 해결하러 들어간 시라스 전문점은 넉넉한 양과 화려한 비주얼로 SNS에서 소문 난 가게였다. 당일 에노시마 주변에서 잡힌 나마시라스를 고집하는 철칙으로도 유명한데, 아쉽게도 내가 방문한 겨울에는 자원 보호를 위해 시라스 잡이를 금지하고 있었다. 메뉴판을 펼치니, 시라스뿐 아니라 각종 회와 튀김 등 다양한 토핑을 조합한 덮밥 종류가 20여 개에 달했다. 한참 고민하다 주문한 요리는 연어회와 연어알, 그리고 가마아게시라스가 나란히 올라간 해산물 덮밥. 조금 과장해서 세숫대야만 한 그릇에 당근과 무, 상추 등 갖은 채소와 해산물이 듬뿍 담겨 나왔다. 실처럼 얇고 새하얀 시라스는 수족관에서 본 것과 완전히 다른 존재처럼 느껴졌다. 비린 맛 하나 없이 산뜻하고 부드러웠지만, 아삭한 채소에 기

름진 회까지 곁들이니, 시라스만의 매력이 반감되는 것 같았다.

그제서야 나는 몇 개월 전 여름, 분사 식당에서 맛본 심플한 시라스동을 떠올리고는 괜한 욕심을 부린 선택을 후회했다. 관광지에서 약간 떨어진 한적한 골목에 자리 잡은 분사 식당은 여행객보다는 동네 주민이 즐겨 찾는 소박한 가게다. 흰 쌀밥에 짭조름한 가마아게시라스를 눈처럼 소복이 쌓고, 약간의 김과 시소, 간 생강만을 곁들인 이곳의 시라스동은 가정에서도 쉽게 만들 법한 모양새다. 하지만 그 덕분에 시라스의 은은하고 고소한 향과 겉은 탱탱하고 속은 포슬포슬한 식감이 오롯이 두각을 드러낸다. 간장을 한 바퀴 두른 뒤 밥과 함께 먹으면 감칠맛이 훨씬 살아난다. 보기에는 심심하지만, 먹는 내내 굳이 무언가를 더할 필요성을 느끼지 못했다. 내가 선호하는 시라스동 스타일은 다채로운 맛이 만들어내는 풍성한 하모니보다는 한 가지 재료의 고독한 독주였던 것이다.

후회를 털어내려 더욱 씩씩하게 걸은 에노시마는 언제나처럼 아름답고, 또 조금은 쓸쓸했다. 다리 하나로 육지와 간신히 연결된 자그마한 섬은 반나절이면 충분히 일주할 수 있지만, 늘 시간에 쫓겨 꼭대기에 있는 전망대만 보고 내려오곤 했었다. 그날은 처음으로 망망대해가 펼쳐진 섬의 끝자락, 지고가후치 해안까지 느긋하게 돌아봤다. 그리고 수면에 황금빛 길을 내며 지는 노을을 바라보며, 문득 일본에서 외국인으로 살아가는 나의 처지가 작은 섬과 비슷하다는 생각이 들었다.

일본으로 건너오기 전, 서울에서 회사에 다니던 시절의 나는 고독을 느낄 겨를이 없었다. 직장 상사들은 출근에서 퇴근까지의 모든 시간은 물론, 때로는 저녁과 주말에도 부하 직원과 함께하려 했고, 가족은 내 미래의 배우자 걱정에 여념이 없었으며, 전반적인 사회 분위기 역시 취업과 결혼, 출산, 내 집 장만으로 이어지는 천편일률적인 가치를 강요하는 듯했다.

반면, 익숙한 생활과 관계를 뒤로하고 떠나온 일본에서는 고독이 그림자처럼 따라다닌다. 이방인이라는 신분은 현지 사회와 적당한 거리감을 유지해 주는 방패임과 동시에 넘어서기 힘든 벽이기도 하다. 일상생활과 직장에서 종종 현지인과 교류하기도 하지만, 여전히 부족한 언어와 문화 상식 때문인지 가끔은 '섬 안의 작은 섬'이 되어 살아가는 기분이 든다. 에노시마처럼, 혹은 덮밥처럼 주변과 섞이지 않고 살아가는 이 쓸쓸한 자유가 싫지만은 않지만, 가끔은 가족과 친척, 친구와 격의 없이 부대끼며 살던 시절이 생각난다. 타지에서 호젓한 생활에 만족하면서 마음 한편으로 고국의 끈끈한 정을 그리워하는 일. 자발적으로 경계인의 삶을 택한 모든 이들이 안고 가야 할 모순이 아닐까.

산책 tip

오다큐에노시마선 가타세에노시마역片瀬江ノ島駅 또는 에노덴 에노시마역江の島駅을 기점 삼아 산책을 시작했다. 신주쿠에서 출발한다면 후지사와역까지의 왕복 승차권과 후지사와역에서 가타세에노시마역 사이의 오다큐선 전철 이용권, 그리고 에노덴 1일 승차권 등을 포함한 에노시마·가마쿠라 프리패스江の島・鎌倉フリーパス가 편리하다.

섬 산책은 얼마나 꼼꼼히 둘러보는가에 따라 한두 시간에서 한나절 이상이 소요될 수 있으며, 가마쿠라와 가까워 동시에 여행하는 사람이 많다. 경사진 에노시마를 걸어서 오르는 것이 부담스럽다면, 유료 에스컬레이터를 이용할 수도 있다. 에스컬레이터 이용료에 사무엘 코킹 가든과 시캔들 전망대, 이와야 동굴 입장권을 더한 에노패스エノパス도 판매한다.

가 볼 만한 곳

**분사 식당**文佐食堂

정겨운 간판과 가게 인테리어처럼, 음식도 기교를 부리지 않은 단순하고 정직한 맛을 자랑하는 식당이다. 시라스동을 비롯한 덮밥 메뉴와 라멘, 그리고 사시미와 조개찜을 비롯한 해산물 요리를 자랑한다.

**주소** 神奈川県藤沢市江の島1-6-22

**문의** 0466-22-6763

**신에노시마 수족관**新江ノ島水族館

맑은 날에는 에노시마는 물론, 후지산까지 조망할 수 있는 해변의 수족관. 사가미만의 해양 생물을 전시한 사가미만 존과 해파리의 율동을 감상할 수 있는 해파리 판타지 홀, 그리고 바다거북을 구경할 수 있는 실외 해변이 인상적이다.

**주소** 神奈川県藤沢市片瀬海岸2-19-1

**문의** www.enosui.com

**에노시마 사무엘 코킹 가든**江の島サムエル・コッキング苑

메이지 시대(1868~1912)에 영국인 무역상이었던 사무엘 코킹이 처음 조성한 식물원. 에노시마의 상징이자 전망 등대인 에노시마 시캔들江の島シーキャンドル도 정원 내에 위치한다. 겨울에는 일몰과 함께 시작되는 라이트업 행사도 볼 만하다.

**주소** 神奈川県藤沢市江の島2-3-28

**문의** enoshima-seacandle.com

### 에노시마 신사江ノ島神社

바다를 수호하는 유서 깊은 신사로 세 명의 자매신을 모신다. 에노시마 입구에 있는 신궁인 헤쓰미야辺津宮와 계단 위에 있는 나카쓰미야中津宮, 그리고 이와야 동굴에 가는 길에 보이는 오쿠쓰미야奥津宮 등 산책을 하다 보면 자연스레 세 개의 신궁을 만나게 된다.

**주소** 神奈川県藤沢市江の島2-3-8

**문의** enoshimajinja.or.jp

### 에노시마 이와야 동굴江の島岩屋

파도의 침식으로 생긴 천연 동굴로 에노시마 신사의 발상지이기도 하다. 동굴 구경도 흥미롭지만, 주변의 탁 트인 해안 절경이 황홀하다. 바위에 부딪히는 거친 파도를 하염없이 바라보거나, 절벽을 황금빛으로 물들이며 저무는 노을을 감상하기에 더없이 좋다.

**주소** 神奈川県藤沢市江の島2

**문의** 0466-22-4141

# 가나가와현 오다와라小田原

## 가마보코: 낯선 도시에서 만난 그리운 향

사람마다 다르게 느끼는 계절의 냄새가 있다고 한다. 그러고 보면, 나에게 봄은 쾨쾨한 미세 먼지가 섞여도 싱그러움을 잃지 않는 강인한 풀내음이고, 여름은 온 땅을 적시는 축축한 비의 향기이며, 가을은 상쾌한 공기를 비집고 들어오는 고약하지만 마냥 싫지만도 않은 은행 냄새다. 그리고 비로소 겨울. 겨울 하면 어린 시절부터 각인된 향이 있다. 바로 길거리 포장마차에서 풍기는 구수한 오뎅 냄새다.

초등학교 고학년 즈음이었을까. 어머니와 외출을 하고 집에 돌아오던 어두운 겨울밤, 늦은 시간까지 장사하던 포장마차 불빛에 이끌려 둘만의 조촐한 만찬을 즐긴 적이 있다. 그날 먹은 음식이 떡볶이였는지, 순대였는지, 튀김이었는지는 기억나지 않는다. 하지만, 추위를 녹이는 뜨끈하고 시원한 오뎅 국물이 유난히 맛있어 사장님께 양해를 구하고 몇 번이나 종이컵에 덜어 마셨던 일은 생생하다. 그 모습을 흐뭇하게 지켜보시던 사장님은 계산을 마친 뒤 오뎅 국물을 비닐봉지에 담아 어머니에게

건네주셨다. 국물을 실컷 먹을 생각에 신난 나는 부푼 마음을 안고 집에 와 아직 식지 않은 국물을 벌컥벌컥 들이켰다. 그런데 웬걸. 분명 똑같은 음식인데도 따뜻한 방에 앉아 양껏 먹으니 밍숭맹숭한게 아닌가. 오뎅 국물은 자고로 길가에 서서 찬 바람을 맞으며 조금씩 떠먹어야 제맛이라는 사실을, 인심 좋은 사장님 덕분에 나는 일찌감치 깨달을 수 있었다.

일본에 와서 그 냄새를 다시 맡은 것은 편의점에서였다. 요즘은 비용 절감을 위해 사라지는 추세지만, 몇 년 전까지만 해도 날씨가 쌀쌀해지면 편의점마다 가판대 앞에 오뎅 바가 놓이곤 했다. 우리나라처럼 칼칼하고 시원한 맛은 없지만, 달짝지근한 간장이 진하게 밴 일본 오뎅 국물도 나름의 매력이 있다. 전기냄비 안에 옹기종기 든 재료를 구경하는 재미도 쏠쏠하다. 어묵뿐 아니라 소 힘줄, 닭고기 경단, 달걀, 무, 곤약 등 원하는 재료를 낱개로 골라 플라스틱 용기에 담으면, 가벼운 식사는 물론 야식으로도 더할 나위 없다.

일본어로 오뎅おでん의 뜻이 어묵이 아니라, 어묵을 주재료로 하는 전골 요리를 뜻한다는 사실도 일본에 와서야 알았다. 그렇다면 으깬 생선 살을 반죽해 익힌 어묵은 일본어로 무엇일까. 크게 '반죽'이라는 의미인 네리모노練り物로 통칭하기도 하지만, 가장 처음 기록된 명칭은 1115년 『궁중의식 관련 지식집類聚雜要抄』에 나온 가마보코蒲鉾다. 초기 어묵은 생선 살을 대나무 막대기에 원통형으로 붙여 불에 구워 먹는 형태였는데, 그 모양이 부들의 이삭인 가마노호蒲の穂와 칼을 꽂은 창인 호코鉾를 닮아 붙여진 이름이라고 한다.

세월이 흐르면서 가마보코는 조리법도 형태도 다양해져, 무로마치 시대(1336~1573)에서 아즈치모모야마 시대(1573~1615) 사이에는 길쭉한 나무판 위에 어육을 봉긋하게 발라 구운 판 어묵 이타카마보코板蒲鉾가 등장한다. 또 에도 시대(1603~1868) 말기부터는 이것을 증기에 쪄 먹는 방식이 인기를 끌어, 지금은 가마보코하면 주로 찐 이타카마보코를 가리킨다. 반면, 기존의 가마보코는 구분을 위해서인지 대나무 통을 뜻하는 '지쿠와竹輪'라고 불리게 됐다. 그 외에도 생선 살에 각종 채소와 해물을 섞어 튀긴 사쓰마아게さつま揚げ와 마가 들어가 식감이 폭신폭신한 한펜はんぺん 등, 오늘날 수많은 종류의 어묵이 한 그릇의 오뎅 안에서 각각의 개성을 뽐낸다.

집 근처 편의점 오뎅이 자취를 감추는 바람에 겨울을 제대로 만끽하지 못한 나는 아쉬움을 달래기 위해 가마보코의 명산지로 이름난 항구 도시 오다와라를 찾았다. 계절은 이미 봄을 지나고 있어, 추위가 녹은 거리에 벚꽃 잎이 내려앉아 있었다. 햇살은 포근했지만, 바다에 가까워질 때마다 세찬 바람이 불어와 이따금 겉옷을 움켜쥐어야 했다.

오다와라에서 가마보코가 본격적으로 만들어지기 시작한 때는 에도 시대 후기. 냉장고가 없던 시절, 풍부한 어획량을 감당하기 위해 어묵을 만들어 생선의 보존 기간을 늘렸던 것이다. 오다와라는 간사이 지방과 현재의 도쿄인 에도를 잇는 역참 마을로 번성했는데, 오다와라를 거쳐 에도를 오가던 전국 영주들이 가마보코를 즐기다 보니, 자연스레 장인

기술이 발달하고 품질이 높아졌다고 한다. 그래서인지 지금도 오다와라 가마보코 하면 고급스럽게 포장된 수제 어묵이 떠오른다. 기계보다 훨씬 정교한 손으로 빚은 반듯한 생김새와 티 없이 희고 윤기 나는 표면, 탄력 넘치는 식감, 그리고 담백하지만 씹을수록 달콤한 풍미는 오랫동안 이어온 장인 정신의 결과인 셈이다.

백문이 불여일견이라고 했던가. 이토록 완벽한 한 판의 가마보코를 손으로 빚는 일이 얼마나 어려운지는 직접 경험해 봐야 깨달을 수 있다. 오다와라 시내에서 조금 떨어진 산기슭에는 장인의 어묵 제조 과정을 눈으로 보고, 손으로 따라 할 수 있는 스즈히로 가마보코 박물관이 자리한다. 미리 체험 프로그램을 예약하고 찾은 박물관은 생각보다 규모가 크고 볼거리가 많았다. 1층은 가마보코의 역사와 제조법을 알리는 전시장과 기념품숍, 체험장 등으로 구성되는데, 안쪽 통유리 너머로 위생복을 입은 장인들이 쉴 새 없이 가마보코를 빚고 있었다. 아무렇게 뭉쳐진 거대한 생선 반죽을 칼로 떼어 몇 번 치대자, 눈 깜짝할 사이에 매끈한 가마보코가 완성되어 감탄이 저절로 나왔다. 2층에는 가마보코 나무판을 활용한 미술 작품이, 3층에는 가마보코의 제조 원리와 영양분을 과학적으로 설명하는 자료가 가득했다.

가마보코와 지쿠와 만들기는 1층에서 진행됐다. 테이블에 생선 반죽과 직사각형 나무판, 그리고 날이 무딘 반죽용 칼이 가지런히 놓여 있었다. 반죽에 코를 갖다 대자 진한 생선 향이 끼쳤다. 어른 주먹만 한 가마보코 반죽 한 덩어리에는 약 7마리의 생선 살이 들어 있다고 한다. 체험 프로그램은 전문가가 이미 만들어 놓은 가마보코 반죽을 나무판에 올려 형태를 잡는 과정을 배웠다. 찰기를 위해 칼로 반죽을 으깨다 나무판에 옮겨 담고, 동그랗게 다듬는 과정이다. 유리 너머의 장인이 직접 나와 시연하자, 참가자 사이에서 박수가 터져 나왔다. 숙련자에게는 순식간에 끝나는 일이지만, 직접 해보니 30분 내내 끙끙대도 부족했다. 더군다나 어렵게 완성한 가마보코조차 겉이 울퉁불퉁하고 두께도 일정하지 않아 볼품이 없었다. 집에 가져와 썰어보니, 구멍이 송송 뚫린 속은 더 가관이었다. 물론 같은 반죽을 사용했기에 진한 맛은 나무랄 데 없었지만, 역시 가마보코 장인이 되는 데 수년간의 수련이 필요하다는 진행자의 말은 빈말이 아니었던 것이다.

다행히 가마보코 다음으로 지쿠와는 모양내기가 비교적 쉬웠다. 반죽을 대나무 막대기에 붙여 동그랗게 매만져 주면 그만이니까. 꼭 원통형이 아니어도 좋으니, 자유롭게 빚어 보라는 진행자의 말도 부담을 덜어 주었다. 옆자리에서 함께 지쿠와를 만들던 가족 고객은 하트 모양 지쿠와도 내놓았다. 찌는 데만 1시간이 걸리는 가마보코와 달리 지쿠와는 15분쯤 구워서 바로 먹을 수 있다. 노릇노릇하게 구워 바로 먹는 지쿠와는 고소하고 쫀득한 맛이 일품이었다. 사실, 적당히 막대기에 붙인 이 지쿠와야 말로, 가장 원시적인 형태의 어묵이 아니었던가.

가마보코 마을을 떠난 뒤에는 오다와라의 호젓한 해안가에서부터 번화한 중심가까지 정처 없이 둘러보았다. 인적이 드문 주택가에서는 바닷

바람과 모래사장을 조심스레 어루만지는 파도 소리가 ASMR처럼 들려왔고, 상점가에는 자그마한 수산물 가게와 생선 구이집이 자주 눈에 띄었다. 그러다 시내에 가까워지자 일본 어디에서나 볼 수 있는 체인 음식점과 술집, 파친코가 하나둘 모습을 드러냈다. 항구 주변의 시골스러운 정취도 중심가의 현대적인 풍경도 모두 오다와라의 일부라는 생각이 들었다.

집으로 돌아오기 전, '오다와라 오뎅'이라는 가게명을 자신감 있게 내건 시내의 한 오뎅 바에 들러 마스터가 추천하는 몇 가지 어묵을 맛보았다. 앙증맞은 모양의 재료와 푹 익은 무, 감칠맛이 풍부한 국물까지. 어묵 제조로 200여 년의 전통과 기술을 보유한 도시답게 일본에서 먹어본 그 어떤 오뎅보다 만족스러웠다. 여기에 정갈한 인테리어와 정성스러운 테이블 세팅, 그리고 세 종류나 준비되는 소스 덕분에 고급 음식점에 온 기분도 들었다. 어린 시절 포장마차에서 경험한 소박한 겨울의 정취와는 달라도, 가게 안팎에 진동하는 푸근한 향만큼은 흡사했다. 어쩌면 서른이 훌쩍 넘은 지금 한국에 돌아가 똑같은 포장마차를 찾아도, 추억이라는 양념이 배어버린 그때의 맛은 느끼지 못할지도 모른다. 그저 비슷한 겨울 향을 음미할 장소가 타국에 있음에 감사하는 편이 현명할 것이다.

### 산책 tip

JR과 이즈하코네 철도 다이유산선, 오다큐오다와라선, 하코네등산철도 등이 지나는 오다와라역小田原駅에서 산책을 시작했다. 역 주변 관광지와 해변을 거닌 뒤, 하코네등산열차를 타고 스즈히로 가마보코 마을로 이동했다. 하코네로 향하는 길에 자리하므로, 오다와라와 하코네를 함께 여행해도 좋다.

### 가 볼 만한 곳

**다루마**だるま

1893년 오다와라산 식재료로 초밥과 튀김을 만들며 시작된 일식집. 건물 자체가 국가 유형 문화재에 지정되어 있을 정도로 가치가 높다. 대표 메뉴는 다다미방에서 즐기는 가이세키 요리지만, 점심에는 캐주얼하게 즐길 수 있는 튀김 덮밥과 초밥 세트도 인기다.

**주소** 小田原市本町2-1-30

**문의** darumanet.com

**스즈히로 가마보코 마을**鈴廣かまぼこの里

직접 가마보코와 치쿠와 등을 만들 수 있는 스즈히로 가마보코 박물관鈴廣かまぼこ博物館과 특색 있는 기념품이 즐비한 스즈나리 시장鈴なり市場, 그리고 멈춰진 열차 안에서 어묵 고로케 등 간식을 즐길 수 있는 카페107カフェ107 등이 한데 모인 오뎅 테마파크.

주소 神奈川県小田原市風祭245

문의 www.kamaboko.com/sato

### 어항의 역 TOTOCO 오다와라漁港の駅 TOTOCO小田原

일본에서 잡을 수 있는 어종의 절반이 잡힌다는 오다와라의 어장. 1층에서는 싱싱한 지역 생선과 건어물, 어묵을 판매하며, 2층은 야외 테라스를 갖춘 푸드 코트, 그리고 3층은 전망대이자 카페로 운영된다.

**주소** 神奈川県小田原市早川1番地の28

**문의** www.totoco-odawara.com

### 오다와라 성터 공원小田原城址公園

도요토미 히데요시가 무너뜨리기 전까지 난공불락의 성이라 불렸던 오다와라성. 1960년에 복원된 천수각에서는 세월의 흔적이 조금도 느껴지지 않지만, 해저와 돌담으로 둘러싸인 공원과 천수각에서 감상하는 풍경은 멋스럽다. 봄에는 일부러 찾아갈 만한 벚꽃 명소이기도 하다.

**주소** 神奈川県小田原市城内6-1

**문의** odawaracastle.com

**오다와라 오뎅 본점**小田原おでん本店

고급스러운 분위기에서 오뎅의 깊고 다양한 풍미를 즐길 수 있는 가게. 원하는 오뎅 재료를 골라 세 가지 소스에 번갈아 찍어 먹는 재미가 쏠쏠하다. 개인적으로는 어묵만큼 무와 실곤약, 달걀말이를 추천한다.

**주소** 小田原市浜町3-11-30

**문의** odawaraoden.com

## 가나가와현 요코스카橫須賀

## 해군 카레: 카레 한 그릇에 담긴 모순

평생 한 가지 요리만 먹고 살아야 한다면 무엇을 고를까. 이 장난스러운 질문을 오랫동안 진지하게 고민해 온 내 대답은 카레다. 잔뜩 끓여 놓으면 며칠간 다른 메뉴를 찾지 않을 정도로 좋아하기도 하고, 무궁무진한 변주가 가능하니 다른 음식에 비해 덜 질릴 것 같다는 계산이다. 카레는 고기나 해산물, 채소 등 넣는 재료에 따라 맛이 달라질 뿐 아니라, 소스도 나라마다 각양각색이다. 강황을 듬뿍 넣어 황금빛이 돌고 매콤한 우리나라 카레에서부터 짙은 갈색에 가깝고 부드러운 일본식 카레, 설탕과 크림 등을 가미해 서양인 취향에 맞춘 영국식 카레, 코코넛밀크를 듬뿍 넣어 달콤한 태국식 카레, 그리고 향신료의 배합에 따라 무한히 변화하는 본고장 인도의 카레까지….

사실 인도에서 커리 혹은 '까리'는 국물 있는 요리를 통칭하는 말이며, 하나의 정형화된 소스는 존재하지 않는다고 한다. 대신 강황과 정향, 팔각, 육두구, 계피 등 수십 가지 향신료를 그때그때 적절히 배합해 곱게 간

'마살라'라는 양념을 쓴다. 그런데 마살라는 어쩌다가 우리가 아는 비슷비슷한 모양새의 카레라이스가 되어 어린 시절 추억은 물론 오늘날 일상의 한 켠까지 차지하게 됐을까.

그 시작은 영국이다. 17세기 인도 식민 지배를 통해 일찍이 마살라의 잠재력을 알아본 영국인이 서양식 비프스튜에 향신료를 더해 '커리curry'라고 부르며 즐겼다는 것이다. 나아가 1780년에는 영국 식품회사 크로스 앤 블랙웰Crosse & Blackwell에서 '커리 파우더curry powder'라고 이름 붙인 마살라 믹스를 처음 출시하기에 이른다. 간편해진 조리법 덕분에 커리는 더욱 빠르게 대중화됐고, 영국의 평범한 가정식뿐 아니라 군대 식단에까지 오르게 된다.

그로부터 100여 년 뒤, 커리는 서양 문물 흡수에 여념이 없던 메이지 시대(1868~1912)에 일본에 상륙하며 '카레カレー'라는 명칭을 얻는다. 그 경로 중 하나가 가나가와현 요코스카항에 주둔하던 영국 해군과의 접촉이었다. 당시 일본 병사는 비타민 B1이 부족한 흰 쌀밥과 채소 위주의 식단 탓에 각기병에 시달리기 일쑤였다고 한다. 이를 극복하기 위해 도입한 양식 메뉴가 쇠고기가 든 커리 스튜였다. 영국 해군은 묽은 커리 스튜에 빵을 찍어 먹었지만, 일본 해군에서는 병사들의 거부감을 줄이기 위해 소스를 더 걸쭉하게 조리한 뒤 밥에 끼얹어 제공했다. 이렇게 탄생한 카레라이스는 고기가 함유한 비타민 B1 덕분에 각기병 치료에도 효과적이었을 뿐 아니라, 색다른 풍미로 입맛까지 사로잡았다. 전역 후 고향에 돌아간 병사들이 그 맛을 잊지 못해 집에서 군대식 카레라이스를 만들거

나 식당을 차리면서 전국에 퍼졌다는 이야기도 있다. 일본에서 우리나라로 전해진 카레도 이들 중 누군가의 손을 거쳤을지 모를 일이다.

도쿄와 삿포로 등 일본의 다른 지역에서도 다양한 계기를 통해 카레가 들어왔지만, 요코스카에서 탄생한 해군 카레는 여전히 지역을 대표하는 명물 요리로 사랑받는다. 지자체에서 인증하는 요코스카 해군 카레의 기준은 『해군 일본 요리술 참고서海軍割烹術参考書』(1908)에 기반한다. 소기름과 밀가루, 카레 가루로 수제 루를 만들고, 여기에 한입 크기로 썬 쇠고기나 닭고기, 당근, 양파 감자를 육수와 함께 부어 끓인다. 이 메뉴로 인증받은 식당은 요코스카 시내에 약 마흔다섯 군데. 가게마다 레시피를 조금씩 변형할 수는 있지만, 영양 균형을 고려해 우유와 샐러드는 꼭 곁들여야 한단다.

벼르고 벼르던 휴일, 스스로 '카레의 도시'라고 자부하는 요코스카의 명물을 맛보러 전철에 올랐다. 바다와 가까워서일까. 구름 한 점 없는 하늘이었지만, 요코스카추오역에서 내리자마자 어디선가 거센 바람이 불어왔다. 그 바람을 타고 코를 자극한 것은 그날따라 역 주변에 잔뜩 늘어선 포장마차의 음식 냄새. 다코야키와 야키소바와 같은 전형적인 일본 간식에서부터 닭 껍질 구이처럼 생경한 별미까지, 온갖 향이 뒤섞여 행인의 발걸음을 잡아끌었다. 나 역시 그 유혹에 넘어갈 뻔했지만, 여행의 목적인 카레를 떠올리며 부지런히 걸음을 옮겼다.

요코스카의 시내 풍경은 도쿄 근교의 다른 지역과 확연히 달랐다. 근

처에 미 해군이 주둔하고 있어서인지 큼직한 영어 간판과 홍보물이 자주 눈에 띄었고, 한 숙박업소 꼭대기에는 자유 여신상 모형이 우뚝 서 있었다. 미국 군인이 야구 점퍼에 알록달록한 동양식 자수를 새긴 데서 유래한 스카잔スカジャン 가게도 거리에 이국적인 색채를 더해 주었다. 길을 걷는 사람들의 모습도 남달랐다. 유니폼을 차려입은 군인과 생도는 물론, 평상복을 입어도 어쩐지 카리스마가 느껴질 만큼 체격이 우람한 사람들이 흔했다. 왠지 여행자로는 보이지 않는 다양한 인종과 국적의 사람들이 자연스레 활보하는 광경은 이태원이나 오키나와의 국제거리를 떠올리게 했다.

카레를 먹으러 들어간 우드아일랜드 카레 레스토랑도 미국 해군 시설 바로 옆에 자리한다. 맛집임을 증명하듯 일찍부터 줄이 늘어서 있었다. 요코하마의 양식 전문점에서 경험을 쌓다 1980년에 자신만의 가게를 오픈한 사장 시모무라 씨는 해군 카레를 알리는 데 누구보다 열심이다. 1999년 요코스카시가 지역 활성화를 위해 요리를 본격적으로 홍보할 때 자문을 도맡았으며, 학교나 다른 지역에 요리 교실을 열기도 했다. 벽면을 빼곡히 장식한 수많은 표창장과 요리 콘테스트 상장이 그 열정을 증명하는 듯했다.

그렇다면 이곳의 자랑인 요코스카 해군 카레의 맛은 어떨까. 빨간 체크무늬 식탁보가 덮인 테이블 앞에 앉아 서둘러 요코스카 해군 카레 세트를 주문했다. 가장 먼저 나온 것은 요코스카 팩 우유. 매일 반강제적으로 우유 한 팩을 먹어야 했던 초등학교 시절로 돌아간 느낌이었다. 곧이

ミルク

어 푸른 꽃이 그려진 노란 접시에 마카로니와 토마토, 오이, 양상추가 들어간 샐러드가 담겨 나왔다. 싱싱한 채소로 식욕을 돋우다 보니, 이윽고 주인공인 카레라이스 등장. 삼 분 카레와 같은 레토르트 제품이나 고형 카레가 세상에 나오기 전, 밀가루를 볶아 직접 루를 만들던 옛날 방식을 그대로 재현했다고 한다. 향신료의 알싸함이 거의 느껴지지 않을 정도로 순하고, 식감은 포슬포슬하면서도 적당히 되직했다. 쇠고기와 감자, 당근은 큼직하게 썰었지만, 어찌나 오래 익혔는지 어린아이도 씹을 수 있을 만큼 말캉했다. 혀를 매료시키는 소문난 맛집보다는 마음을 진정시켜 주는 푸근한 가정의 맛이라고나 할까. 어린 시절 집에서 먹던 샛노란 카레와는 전혀 다르지만, 어쩐지 향수를 불러일으키는 한 그릇이었다.

카레 애호가로서 만족스러운 한끼였지만, 시모무라 씨와 직원분들의 인자한 미소와는 달리, 가게를 나서는 마음이 썩 유쾌하지만은 않았다. 생각해 보면, 우리나라에서도 가정식의 대명사로 자리 잡은 카레라이스가 세계 2차 대전 당시 일본 해군의 전투력을 위해 도입됐다는 사실은 얼마나 모순적인지…. 옛 일본 해군의 경험과 '욱일기'라고 불리는 군함기까지 계승한 해상 자위대에서는 지금도 매주 금요일마다 병사들에게 카레를 배급한다고 한다.

하지만 달리 보면, 카레는 전쟁과 침략보다는 포용의 상징이다. 출발지는 하나일지 몰라도, 동서양을 불문한 여러 나라의 '국민 음식' 혹은 '소울 푸드'로 자리 잡아 공통 분모를 만들어 주었으니 말이다. 어쩌면 일본에서 외국인으로, 특히 한국인으로 살며 아무런 불편함도 느끼지 않을 날은 영원히 오지 않을지도 모른다. 그래도 나는 희망을 걸어 보고 싶다. 아무리 언어와 문화, 지식이 달라도 자연의 신비에 경탄하고, 입맛에 꼭 맞는 음식에 환희를 느끼고, 나와 주변 사람들의 무탈함을 바라는 인류 공통의 무언가에…. 대화와 교류를 포기하지 않는 한, 역사 인식의 간극과 서로 간의 혐오도 서서히 줄여갈 수 있지 않을까. 그런 생각을 하며 걸은 요코스카의 해변은 천연덕스러울 만큼 평화로웠다.

산책 tip

게이큐본선 요코스카추오역横須賀中央駅 또는 JR 요코스카선 요코스카역横須賀駅이 산책의 출발점이다. 요코스카 해군 카레와 햄버거 가게를 비롯한 맛집과 쇼핑몰은 역 주변의 번화가에 밀집되어 있으며, 해안가인 간논자키 지역까지는 노선버스로 이동했다.

가 볼 만한 곳

**가나가와현립 간논자키 공원**神奈川県立観音崎公園

짙푸른 바다를 오가는 선박을 구경하며 거닐기 그만인 녹지대. 캠핑이나 낚시를 즐기는 지역 주민도 심심치 않게 보인다. 1869년에 지어진 일본 최초의 서양식 등대와 간논자키자연박물관 등 곳곳에 볼거리도 많다.

**주소** 神奈川県横須賀市鴨居4-1262

**문의** www.kanagawaparks.com/kannon

**쓰나미**ツナミ

요코스카에서 해군 카레 다음으로 인지도 높은 음식인 네이비 버거. 미국 해군에서 전수받은 쇠고기 패티 레시피를 바탕으로 다양하게 발전해 왔다. 쓰나미에서는 햄버거 4인분을 탑처럼 쌓은 제7함대 버거와 미국 대통령 이름을 딴 햄버거 등 독특한 메뉴를 즐길 수 있다.

**주소** 神奈川県横須賀市本町2-1-9

**문의** www.navyburger.com

**사루시마**猿島

도쿄만에 떠 있는 유일한 무인도. 지금은 우거진 녹음 속을 한가로이 걷고, 해변에서 바비큐와 낚시를 즐길 수 있는 휴양섬이지만, 에도 시대에서 태평양 전쟁 때까지 요새로 사용됐다. 당시에 지어진 벽돌식 터널과 포대

터, 탄약고도 남아 있다.

**주소** 横須賀市小川町27-16

**문의** sarushima.jp

**요코스카미술관**横須賀美術館

바다 앞에 지어진 옥빛 미술관. 건물 앞에는 푸릇푸릇한 잔디밭이 펼쳐져 있고, 새하얀 내부는 마치 도화지처럼 느껴진다. 주로 요코스카와 미우라 반도와 관련된 작가의 작품을 전시한다. 날씨 좋은 날에는 미술관 내 레스토랑의 야외석도 추천.

**주소** 神奈川県横須賀市鴨居4-1

**문의** www.yokosuka-moa.jp

**우드 아일랜드 카레 레스토랑**ウッドアイランド カレーレストラン

가게 주인의 애정과 자부심이 느껴지는 카레 전문점. 쇠고기를 넣은 요코스카 해군 카레와 스파이시 치킨 카레, 돼지고기 카레도 맛볼 수 있다. 손님이 카레를 편하게 먹을 수 있도록 고안한 오리지널 스푼도 우드 아일랜드 카페 레스토랑만의 특징이다.

**주소** 神奈川県横須賀市大滝町1-4

**문의** 046-827-4790

## 도치기현 닛코日光

## 유바: 담백해서 좋은 여행

여행은 사실 바깥세상이 아닌, 내면의 세계를 탐험하는 여정인지도 모르겠다. 안전지대를 벗어나 낯선 환경에 자신을 노출함으로써, 다름 아닌 자신의 성향과 취향을 발견할 수 있으니 말이다. 그러니 여행자가 정작 관찰하는 대상은 외부 풍경이나 이국의 문화보다는 그런 자극에 반응하는 나 자신이 아닐까.

새로운 음식을 경험하며 좋아하는 음식을 늘리는 일도 여행이나 타지 생활의 큰 소득이다. 생소한 맛과 향을 경험하며 취향을 넓혀갈수록, 입맛에 맞는 요리를 맛볼 때의 원초적 기쁨을 더 자주 느낄 수 있기 때문이다. 예를 들어 초등학교 여름 방학 때 중국에 살던 고모 집에 가지 않았다면, 내가 고수를 사랑하는 사람임을 깨닫기까지 훨씬 오래 걸렸을 것이다. 또 20대 초반에 도쿄로 교환학생을 다녀온 덕분에 당시만 해도 생소했던 새콤한 일본식 매실장아찌인 우메보시梅干し나 끈적끈적한 발효콩 낫토納豆를 일찍이 선호하는 음식 목록에 올릴 수 있었다. 남편의 전근

으로 1년간 싱가포르에 머물던 때는 코코넛잼을 바른 카야 토스트와 해산물을 듬뿍 넣은 매콤한 면 요리인 락사에 심취했었다. 일본에 돌아온 지금도 전자는 아침 식사와 출근용 도시락으로, 후자는 주말의 해장 요리로 요긴하게 쓰고 있다. 한편, 첫 만남이 강렬하지는 않았지만 나도 모르게 서서히 빠져들게 된 음식도 있다. 도치기현 닛코의 특산품으로, 가열한 콩물의 막인 유바湯波다.

일본 유수의 유바 생산지인 닛코는 우뚝 솟은 산들을 중심으로 예로부터 신앙이 발달해 왔다. 유네스코 세계문화유산에 등재된 수려한 종교적 건축물과 광활한 자연, 그리고 풍부한 온천이 조화롭게 어우러져, 관광지이면서도 신성한 분위기를 풍긴다. 여러 신사와 절 중에서도 특히 유명한 곳이 도쿠가와 이에야스를 모시는 도쇼구다. 금빛 장식으로 뒤덮여 화려함의 극치를 뽐내는 데다, 고양이와 원숭이, 코끼리 등 귀여운 동물 조각을 찾는 즐거움도 있다. 또 해발 1,269m에 자리해 일본에서 가장 높은 천연 호수로 꼽히는 주젠지호는 자연의 신비를 실감하게 한다.

지금껏 나는 닛코를 총 세 번 방문했다. 친구와 함께한 첫 닛코 여행에서는 봄볕 아래 휘황찬란하게 빛나는 도쇼구를 관람한 뒤 료칸에서 유유자적한 휴식을 즐겼다. '유바'라는 음식도 그때 처음 알았다. 료칸에서 제공하는 저녁 식사에 얇고 부드러운 생 유바가 전채로 나왔는데, 간장을 뿌려 입 안에 넣자 고소한 향과 야들야들한 감촉만을 혀끝에 남긴 채 순식간에 사라져 버렸다. 몇 해 뒤, 남편과 동행한 두 번째 방문에서는 보트를 타고 초겨울 호수 바람을 맞으며 주젠지호를 만끽했다. 호수를 나와 찾은 음식은 뜨끈한 유바 소바. 동그랗게 만 유바 두 덩이가 면과 함께 진한 간장 국물에 잠겨 있었다. 크루아상처럼 겹겹이 만 쫄깃한 유바를 씹을 때마다, 사이사이에서 감칠맛 가득한 육수가 새어 나왔다. 두부와 비슷하지만 훨씬 매끄러운 식감과 깔끔한 맛, 그리고 진한 여운을 남기는 유바의 콩 내음이 도쿄에서도 문득문득 생각났다. 그래서 혼자 세 번째 여행을 떠났다. 오롯이 유바를 즐기기 위해.

봄이 지나기 무섭게 찾아온 장마 탓인지, 숨 가쁜 일상을 버텨내면서도 축축한 권태에 짓눌리던 시기였다. 직장에 다니면서 원고 집필과 번역을 병행하다 보니 가벼운 번아웃 증후군이 찾아왔는지도 모르겠다. 휴식이 절실했지만, 쌓인 일감을 모른 척할 수도 없어 작은 캐리어에 노트북을 넣고 전철에 올랐다. 이것이야말로 팬데믹 이후 유행한다는 워케이션이라고 스스로를 위로하면서.

주말 아침 느지막이 일어나 전철을 몇 번이나 갈아타다, 해 질 녘에야 도부닛코역에 도착했다. 도쿄보다 서늘한 공기를 뚫고 얇은 빗방울이 떨어지고 있었다. 캐리어에 담긴 얇은 옷으로 버텨낼 수 있을까 걱정하며 체크인을 마쳤다. 일행이 있을 때는 늘 료칸에 묵었는데, 혼자이니 책상과 의자가 딸린 자그마한 비즈니스호텔이면 충분했다. 그런데 인적 드문 동네에 어둠까지 내려앉으니, 여행 첫날임에도 도무지 외출할 의욕이 솟지 않았다. 노트북을 켜고 일에 집중하다 허기를 이길 수 없게 되어서야, 가까운 슈퍼에서 먹거리를 사 왔다. 여행 온 보람이 전혀 없다는 생각도

들었지만, 감자칩 대신 집어 온 짭조름한 유바 칩이 작은 위안을 주었다. 겉은 소금 후추로 간을 해 짭조름하고, 안은 공기를 듬뿍 머금고 있어 살짝만 눌러도 바스러졌다. 세 번째 여행에서 발견한 유바의 또 다른 매력이었다.

새벽까지 급한 마감을 해결하고, 알람 없이 다음 날 아침에 눈을 떴다. 첫날의 날씨 걱정이 무안할 정도로 날이 화창했다. 한결 가뿐한 기분으로 아침도 거른 채 향한 곳은 유바 체험을 할 수 있는 닛코유바제조 닛코 공장. 주요 관광지와 반대 방향으로 가는 버스에 오르자, 정해진 궤도를 이탈한 듯한 묘한 쾌감이 들었다. 창밖으로 정갈하게 다듬어진 연둣빛 논과 짙푸른 숲이 이어졌다. 완연한 시골이었다. 정류장에서 내려 걸어가는 길에는 마구간에서 쉬고 있는 말들의 뒷모습이 멀리서 포착되기도 했다.

유바 체험 시설은 공장과 매점으로 나뉘어져 있었다. 예약 시간보다 일찍 도착하는 바람에 더위도 식힐 겸 매점에서 아이스크림을 사 벤치에 앉았다. 나른한 표정의 길고양이들이 일광욕을 즐기러 몰려들었다. 그 모습을 흐뭇하게 내려다보며 달콤한 아이스크림을 숟가락으로 떠먹고 있으니, 하루아침에 세상에서 가장 한가한 사람이 된 기분이었다.

공장 견학은 창문 너머로 유바 제조 과정을 구경하는 것이 전부였다. 작업에 열중하는 직원 입장에서 외부인의 호기심 어린 눈길이 불편하지 않을까 내심 걱정했는데, 한 직원이 깨끗하게 보라는 듯 일부러 호스를 가져와 창문에 낀 물기를 씻어 주었다. 카메라를 꺼내자 일부러 유바 한

장을 건져 주기도 했는데, 그 작은 친절이 무척이나 따뜻하게 다가왔다. 유바 제조 과정을 설명하는 안내문이 창문 위에 붙어 있었다. 유바는 물에 불린 대두를 반죽 형태로 갈아 끓인 뒤, 비지를 걸러낸 깨끗한 콩물로 만든다고 한다. 콩물을 가열하면 단백질이 응고하면서 표면에 떠오르는데, 이를 건져내 그대로 먹거나 다양하게 가공해 섭취하는 것이다. 닛코와 교토 유바의 차이도 처음 알았다. 닛코에서는 막을 반으로 접듯이 가운데에서부터 끌어올려 사이에 콩물이 스며드는데, 교토에서는 가장자리에서부터 한 겹을 통째로 건져 올린다. 또 발음은 같지만 교토에서는 물결 파 자가 아닌 잎 엽자를 써 '유바湯葉'라고 표기한다.

견학 프로그램에서 가장 기대했던 코너는 유바 시식이었다. 매점에 설치된 작은 유바 통에 콩물을 데워, 직접 이쑤시개로 막을 건져 먹을 수 있었다. 직원의 안내에 따라 열심히 콩물에 부채질을 하니, 매끄럽던 표면에 쭈글쭈글한 주름이 지며 유바가 떠올랐다. 조심스레 건져 올린 뒤, 간장을 살짝 뿌려 입에 넣은 따뜻한 유바는 지금까지 먹은 것 중 가장 풍미가 진했다. 물론 크기가 작아 감질맛이 더해졌을지도 모른다. 아무리 맛이 진하다 한들 유바 자체가 화려함과는 거리가 먼 조금 심심한 음식이지만, 먹을수록 미각이 정화되는 듯한 담백한 매력이 있다. 휴대폰을 꺼둔 채 즐기는 평일의 산책 같은, 혹은 힘에 부치는 일상 속에서 떠오르는 편안한 친구 같은.

체험을 마치고 숙소로 돌아온 뒤에는 낮잠을 자고, 도쇼구에 늘 우선순위를 빼앗겼던 다른 신사와 사찰을 둘러보았다. 그리고 도쿄로 돌아오

日光 ゆば

기 전, 역 앞에서 마지막으로 아게유바만주揚げゆばまんじゅう를 샀다. 팥앙금이 든 만주를 유바로 한 겹 감싼 뒤 튀겨낸 간식으로, 먹기 직전에 뿌려주는 굵은소금이 화룡점정이다. 큼지막하게 한 입 베어 물면, 따뜻하게 데워진 곱고 달콤한 팥앙금이 듬뿍 흘러나온다. 바삭한 유바 튀김이 남기는 고소함은 말할 것도 없다. 정말이지 유바는 어떻게, 무엇이랑 먹어도 맛있는 음식이다.

일본에는 닛코의 볼거리를 극찬하는 이런 속담이 있다.

닛코를 보지 않고 좋다고 하지 말라
日光を見ずして結構と言うなかれ

본래 도쇼구의 건축미를 극찬한 데서 유래한 말로, '닛코'라는 지명과 '좋다,' '훌륭하다,' '만족하다' 등을 뜻하는 일본어 겟코結構의 뒷음절을 맞추었다. '좋다고 하지 말라'는 '아름다움을 논하지 말라'라거나 '일본을 봤다고 말하지 말라'라고 의역되기도 한다. 그러나 나는 이렇게 바꿔 말하고 싶다.

유바의 맛을 모른 채, 닛코를 논하지 말라고.

산책 tip

도부 닛코선 도부닛코역東武日光駅과 JR 닛코선 닛코역日光駅이 나란히 자리한다. 아사쿠사역浅草駅에서 도부닛코역까지 직통 열차를 운행하며, 도부 철도와 버스 이용 혜택이 포함된 닛코 패스日光パス도 판매한다. 역 주변과 신사, 절은 모두 걸어서 관광했지만, 닛코유바제조 닛코 공장이나 주젠지호 부근은 노선버스의 도움을 받았다. 닛코의 산을 붉게 물들이는 단풍이 유명해 가을철에 특히 붐빈다.

가 볼 만한 곳

**닛코유바제조 닛코공장**日光ゆば製造 日光工場

닛코에서 유바 제조 공장을 견학하고 시식한 뒤, 다양한 기념품까지 맛볼 수 있는 유일한 시설이다. 원하는 체험일 1주일 전까지 예약하고 방문해야 한다. 매점에서 판매하는 유바 아이스크림도 별미다.

**주소** 栃木県日光市猪倉赤堀3589

**문의** nikkoyuba.net

**닛코 사카에야 아게유바만주 본점**日光さかえや 揚げゆばまんじゅう本舗

도부닛코역과 가까워 닛코 여행을 시작하거나 마무리하면서 들리기 좋은 가게다. 명물 간식인 아게유바만주를 각종 기념품과 함께 판매한다. 갓 튀긴 아게유바만주를 즉석에서 커피나 차와 함께 즐길 수 있도록 야외석도 마련되어 있다.

**주소** 栃木県日光市松原町10-1

**문의** 0288-54-1528

**닛코의 신사와 사원**日光の社寺

1999년 유네스코 문화유산에 등록된 문화재를 아우르는 명칭으로, 인연을 맺어주는 신사로 잘 알려진 후타라산 신사二荒山神社와 세 마리 원숭이 조각으로 유명한 도쇼구東照宮, 그리고 유바의 역사와 가장 연관 깊은 절인

린노지輪王寺 등을 포함한다. 닛코의 상징이기도 한 주홍빛 다리 신쿄神橋도 후타라산 신사의 일부다.

**주소** 栃木県日光市山内

**문의** 후타라산 신사 www.futarasan.jp 도쇼구 www.toshogu.jp 린노지 www.rinnoji.or.jp

**닛코 커피 고요테도리**日光珈琲 御用邸通

목재로 된 전통 가옥을 개조한 예스럽고 아늑한 분위기에서 향긋한 스페셜티 커피와 함께 현지 식자재를 활용한 간단한 식사를 즐길 수 있다. 드립 커피 백을 비롯한 오리지널 제품은 기념품이나 선물로도 제격이다.

**주소** 栃木県日光市本町3-13

**문의** nikko-coffee.com

### 아케치다이라 로프웨이明智平ロープウェイ

1933년에 운행을 시작한 일본에서 두 번째로 오래된 로프웨이. 목적지인 아케치다이라 전망대에서는 장엄한 산맥에 둘러싸인 주젠지호와 게곤 폭포를 한눈에 조망할 수 있다. 닛코 시내에서 출발할 경우 버스나 자가용으로 구불구불한 산악 도로인 이로하자카いろは坂를 통과한다.

**주소** 栃木県日光市細尾町

**문의** 0288-55-0331

### 에비스야恵比寿家

닛코의 신사와 사원으로 향하는 상점가에 조용히 자리 잡은 노포. 운치 있는 다다미방에서 원조 닛코 유바 요리를 맛볼 수 있다. 연회에 알맞은 코스 요리가 주력 메뉴인 만큼 가격대가 높은 편이지만, 점심시간에는 비교적 저렴한 덮밥이나 소바도 제공한다.

**주소** 栃木県日光市下鉢石町955

**문의** www.nikko-ebisuya.com

### 주젠지호中禅寺湖

화산 활동으로 형성된 둘레 25km의 천연 호수로, 최대 수심은 163m에 이른다. 유람선이나 오리배, 카누, 카약을 타고 수면 위를 산책하거나 낚시를 즐길 수 있는데, 배를 타고 호수 한가운데서 감상하는 주변 산과 온천 마을의 경치가 인상적이다.

**주소** 栃木県日光市中宮祠

**문의** 0288-22-1525

# 시즈오카현 시즈오카静岡

## 차: 차를 사랑하는 이들의 도시

어떤 일이든 시작하기 전에 음료 한 잔을 준비하는 것이 나의 오랜 습관이다. 피곤한 아침, 회사에서 재빨리 집중력을 끌어 올려야 할 때는 커피만 한 동력이 없고, 점심을 먹은 후에는 나른함을 쫓기 위해 상큼한 과일 음료를 찾는다. 소설책을 펼치기 전 어울리는 와인 한 잔을 준비하면 즐거움이 배가 되고, 집에서 영화나 드라마를 감상할 때도 맥주와 간단한 주전부리는 필수다.

그렇다면 글을 쓸 때는 어떨까. 문서 편집기의 새하얀 화면만 보면 위축되는 마음을 달래기에는 따뜻한 차가 제격이다. 한 모금씩 들이켜다 보면, 다정한 온기와 그윽한 향이 무엇이든 쓸 용기를 북돋아 주는 듯하다. 커피와 달리 연하게 우려 물처럼 마실 수 있다는 점도 장시간 작업에 적합하다. 지금도 이 글을 쓰는 노트북 왼편에 찻주전자가 몇 시간째 놓여 있다.

일본에 살며 가장 흔히 접하는 차는 연둣빛을 띠는 센차煎茶다. 센차는 찻잎을 발효하지 않은 불발효차로, 뜨거운 증기로 쪄서 산화 효소 활동을 억제한 뒤 비벼서 말린다. 우리나라 녹차도 비슷한 과정을 거치지만, 가마솥에 덖어 열을 가한다는 점이 다르다. 그래서 맛이 고소하고 개운한 우리 녹차에 비해, 센차에는 찻잎의 풋풋한 내음과 특유의 감칠맛이 진한 편이다.

일본 전통 다실에 가면, 손님에게 주로 차 분말에 물을 부어 휘젓는 맛차抹茶를 대접한다. 마음 수행과 검소함을 중시하는 일본식 다도 와비차侘び茶도 맛차를 다룬다. 차는 중국으로부터 불교문화와 함께 일본으로 전해졌는데, 1191년 에시사이栄西 선사가 송나라에서 유학한 뒤 차 씨앗을 가져와 보급한 차도 가루차였다고 한다. 한때 사치스러운 차 문화가 성행한 적도 있었으나, 무로마치 시대(1336~1573) 승려인 무라타 주코村田珠光가 참선하듯 고요히 차를 수련하는 와비차의 기초를 닦았고, 아즈치 모모야마 시대(1568~1603)의 다인 센노리큐千利休가 지금까지 내려오는 와비차 양식을 체계화했다. 맛차는 찻잎까지 마시게 되므로 그 풍미가 더욱 강렬하게 다가온다. 햇빛을 가린 채 재배한 덴차碾茶를 갈아 쓰는데, 센차에 비해 색이 진하고 떫은맛이 적다. 공원이나 절, 신사에 마련된 작은 다실에서 맛차와 예쁜 화과자를 맛보는 일도 일본을 여행하는 즐거움 중 하나다.

한편, 회식 자리에 가면 술을 마시지 않는 일본인이 차가운 우롱차烏龍茶를 주문하는 것을 빈번히 목격한다. 보통 중국에서 생산되는 우롱차는 발효 정도가 30~70% 사이인 반발효차로, 녹차의 씁쓸함은 덜하고 발효차인 홍차보다는 부드럽다. 웬만한 음식에 두루 잘 어울려서, 나 역시 식사 자리에서 물만 마시기 아쉬울 때 즐겨 찾는다.

찬 바람이 불면 생각나는 호지차ほうじ茶도 빼놓을 수 없다. 겨울철에는 찻집 거리나 마트에서도 호지차를 볶는 구수한 냄새를 쉽게 맡을 수 있다. 호지차는 1920년대에 교토의 차 상인이 남은 찻잎을 활용할 방법을 모색하다 탄생했다고 전해진다. 녹차와 같은 불발효차지만, 센 불에 볶는 과정에서 찻잎이 갈색으로 변하고 고소함이 더해진다. 일본에서는 식후차로도 자주 제공된다.

일본에 오기 전까지만 해도 차에 큰 흥미가 없었던 나는, 오랫동안 녹차와 홍차, 우롱차와 호지차가 전부 다른 찻잎을 쓰는 줄로만 알았다. 색도 향도 천차만별인 이 모든 차가 '카멜리아 시넨시스Camellia sinensis'라는 이름을 가진, 똑같은 차나무에서 얻어진다는 사실을 알았을 때 얼마나 놀랐던지….

글쓰기 동반자인 차에 대한 관심이 점차 높아지던 어느 봄날, 오로지 차향을 탐닉하기 위해 시즈오카를 찾았다. 산과 바다에 둘러싸인 시즈오카현은 도쿄와 그리 멀지 않지만, 겨울에 눈이 거의 오지 않는 온난한 기후를 자랑한다. 가마쿠라 시대(1185~1333) 때부터 차나무를 심었으며, 에도 시대(1603~1868)에는 차 애호가였던 도쿠가와 이에야스徳川家康가 시즈오카산 차를 특히 즐겨 마셨다. 결정적으로 메이지 시대(1868~1912)에 시즈오카현 시미즈항이 개항하면서 차 수출이 급증하고, 근대화로 설 자리를 잃은 무사들이 시즈오카현에 차밭을 개척하면서 일본을 대표하는 차 산지로 발돋움했다. 지금도 일본 차밭의 약 40%가 시즈오카현에 집중되어 있으며, 차의 품질이 높기로도 유명하다.

시즈오카현의 중심이자, 차 산업의 수도라고 할 수 있는 시즈오카시. 도쿄역에서 신칸센으로 약 1시간 떨어진 JR 시즈오카역을 빠져나오자마자 호지차를 볶는 냄새가 바람을 타고 전해왔다. 이곳에서만큼은 커피를 멀리하겠다고 다짐했지만, 호텔 로비에 놓인 커피 머신을 보고 무심코 한 잔을 입에 털어 넣고 말았다. 그래도 체크인하고 나서부터는 차에 충실한 나날을 보냈다. 찻집에 가지 않아도 차를 마실 기회는 어렵지 않게 찾아왔다. 점심을 먹으러 들어간 식당에서 물 대신 따뜻한 센차가 나왔기 때문이다. 막 봉우리를 터뜨린 시즈오카의 벚꽃처럼 연하고 싱그러운 맛이었다.

그 후로도 나는 온종일 시내를 누비며 '맛차 투어'를 즐겼다. 차를 전문으로 하는 카페와 기념품 숍은 시즈오카역 주변에 셀 수 없이 많았다. 덕분에 나는 매일 마시는 카페라테 대신 맛차라테를 즐겼고, 아이스크림 가게에서는 맛차와 호지차, 현미차 아이스크림을 주문했다. 하루를 마무리하러 들어간 이자카야에서도 차가운 맛차에 일본 소주를 섞은 시즈오카와리静岡割り를 골랐으니, 제대로 차에 심취한 하루였다.

젊은 사장님이 운영하는 한 카페에서는 나와 비슷한 목적을 가진 손님을 보았다. 시즈오카에 자주 놀러 와 맛차 카페를 탐방한다는 그에게 카

페 주인이 자신 있게 행선지를 몇 군데 추천해 주었다. 그랬더니, 손님의 답변.

"말씀하신 곳은 다 가봤는데, 다른 데는 없어요? 자가용으로 가야 하는 곳도 괜찮아요."

오히려 카페 사장이 한 수 배워야 할 수준이었다. 그러나 그분도 몰랐던 곳이 있었는데, 내가 차에 대해 공부해보고자 찾았던 모리우치 차농원이다. 9대째 차를 재배하고 있는 소규모 농원으로, 부부가 함께 운영하며 오래된 민가에서 차 체험 클래스를 진행한다. 예약한 시간이 다가오자 버스를 타고 시즈오카 시내를 벗어나 농원으로 향했다. 십 분쯤 지났을까. 깨끗한 하늘 아래 나지막한 산과 잔디밭이 펼쳐지기 시작했다. 버스 오른편 창밖으로 후지산이 아주 잠깐 고고한 자태를 비추었다. 그 찰나의 장관보다, 익숙하다는 듯 눈길조차 주지 않는 주민들의 모습이 더 신기했다.

버스 정류장에서 내려 차농원이 자리한 '우치마키内牧'라는 동네를 여유롭게 걸었다. 누군가 초록 물감을 쏟아붓기라도 한 듯 산과 밭이 온통 푸르게 빛났다. 크고 작은 농원이 한 마을에 모여 있는지, 행인이 지나다니는 길옆에도 멀리 언덕 위에도 동그랗게 다듬은 차나무가 줄지어 심겨 있었다. 차밭은 인기척 없이 조용했다. 집 앞에 무심히 심긴 벚나무가 봄볕을 머금은 채 반겨줄 뿐이었다.

예약 시간이 되어 차농원의 문을 두드렸다. 농원 주인의 아내이자 전문 차 강사인 모리우치 씨가 웃으며 환영해 주었다. 수수한 차림이었지만, 자신이 하는 일의 가치를 믿는 사람만의 기품이 느껴졌다. 수업은 오래된 민가의 널찍한 테이블에서 진행됐다. 웰컴 티 한 잔을 마신 뒤, 온도에 따라 달라지는 차 맛을 비교하는 시간을 가졌다.

"차의 주요 성분은 감칠맛을 내는 아미노산류인 데아닌, 떫은맛을 내는 카테킨, 그리고 쓴맛을 담당하는 카페인이에요. 물 온도와 시간에 따라 추출되는 성분과 비율이 달라지죠. 낮은 온도에서 어떤 맛이 나는지 먼저 느껴보세요."

시중에서는 구할 수 없다는 고급 찻잎에 미지근한 물을 부어 마셨다. 놀랍게도 설탕을 가미한 듯 달콤했다. 차 고유의 감칠맛이었다. 물 온도가 높아질수록 찻잎의 떫은맛과 쓴맛이 잘 추출되기에, 일반적으로 약 70도에서 우려내면 알맞다고 했다. 지금까지 그 사실을 몰랐던 탓에 내 손을 거쳐 간 얼마나 많은 찻잎이 제맛을 발휘하지 못하고 버려졌을까. 그렇게 생각하니 차나무에도, 차를 만드는 사람에게도 괜히 미안해졌다. 그 외에도 모리우치 씨는 찻잎을 수확하고 가공하는 과정이나 좋은 차를 고르는 법에 대해서도 초보자의 눈높이에 맞춰 설명해 주었다. 모리우치 차농원에서 재배하는 품종의 센차를 다섯 종류나 시음했는데, 섬세하지 못한 미각으로도 맛의 차이를 어렴풋이 파악할 수 있었다. 마지막으로 모리우치 차농원에서 가꾸는 차밭을 구경하며 프로그램은 마무리됐다. 차의 향기로운 세계에 한 발짝 다가선 나는, 다음에는 중급 클래스를 들으러 오겠다는 인사를 남기고 돌아왔다.

한 가지 특이했던 점은 모리오카 차농원의 농장주 아내였던 강사도,

우연히 들어간 카페에서 만난 젊은 사장도 시즈오카현 출신이 아니었다는 사실이었다. 결혼을 계기로, 혹은 자신의 꿈을 좇다 차에 온전히 매료되어 버린 사람들. 그들이 있는 한, 시즈오카에서 차 향기가 사라지지 않으리라는 예감이 들었다.

그 후로 도쿄에 돌아와 차를 내릴 때는, 막 끓은 물을 한 김 식힌 다음 찻잎에 붓는다. 약간의 수고만으로도 맛이 한층 둥글어지는 느낌이다. 세상에는 모르는 상태로 좋아할 수 있는 대상도 있지만, 알아갈수록 깊은 애정을 허락하는 존재가 더 많다. 나에게 차는 후자에 가까워서, 앞으로 차와 더 친해지며 기쁨을 얻을 날이 기대된다.

산책 tip

JR도카이도 신칸센과 도카이도 본선이 지나는 시즈오카역이 편리하며, 한국에서 출발한다면 후지산시즈오카 공항까지 이동하는 직항 항공편도 이용할 수 있다. 시즈오카시 시내에 있는 명소는 걸어서 돌아본 뒤 모리우치 차농원과 니혼다이라 유메테라스까지 노선버스로 이동했다. 시즈오카현의 자연을 더 광범위하게 돌아보고 싶다면 렌터카를 빌리는 편이 좋겠다. 차에 대한 지식을 갖춘 기사가 관광지와 차 농가로 데려다주는 오차택시お茶タクシー도 예약제로 운영한다.

가 볼 만한 곳

**니혼다이라 유메테라스**日本平夢テラス

시즈오카시에서 탁 트인 바다와 후지산의 절경을 조망할 수 있는 명소로, 내부에는 작은 전시실과 카페도 갖췄다. 산책을 마친 뒤에는 니혼다이라 로프웨이를 타고 도쿠가와 이에야스를 모시는 신사인 구노잔도쇼구九能山東照宮를 방문할 수 있다.

**주소** 静岡県静岡市清水区草薙600-1

**문의** nihondaira-yume-terrace.jp

**시즈오카시 미술관**静岡市美術館

시즈오카역 건너편 고층 건물에 숨어 있는 작지만 알찬 미술관. 흰 도화지 같은 전시장에 전시 내용을 주기적으로 교체한다. 신칸센이나 버스를 기다리며 둘러보기 좋으며, 카페와 기념품 숍만을 이용하러 방문할 수도 있다.

**주소** 静岡県静岡市葵区紺屋町17-1葵タワー3F

**문의** shizubi.jp

### 모리우치 차농원森内茶農園

시즈오카 시내에서 버스로 약 30분 거리에 위치한 소규모 차농원. 홈페이지를 통해 체험 프로그램을 예약하면, 전문 강사의 친절한 설명과 함께 차를 시음하고 차밭을 구경할 수 있다. 프로그램은 일본어로 제공되지만, 영어 자료는 준비되어 있다.

**주소** 静岡県静岡市葵区内牧705

**문의** www.moriuchitea.com

### 슨푸성 공원駿府城公園

시즈오카시 중심부는 에도 시대까지 '슨푸駿府'라는 이름으로 불리며 번성했다. 일본을 통일하고 평화의 시대를 연 도쿠가와 이에야스는 말년을 슨푸성에 머물며 다회를 열곤 했다. 웅장했을 성의 흔적은 거의 남아 있지 않지만, 성곽 주변과 정원, 전시실은 구경할 가치가 있다.

**주소** 静岡市葵区駿府城公園1-1

**문의** sumpu-castlepark.com

### 아오바 오뎅거리 青葉おでん街

현대적인 도시에 숨은 레트로한 오뎅 골목. 밤이 되면 붉은 조명이 켜져 몽환적인 분위기를 자아낸다. 카운터 석에서 다른 손님과 나란히 앉아 먹는 재미가 있으며, 좋아하는 오뎅 재료를 선택하는 방식이다.

**주소** 静岡県静岡市葵区常磐町2-3-6

### 우나기노하라카와うなぎのはら川

1965년에 문을 연 노포로, 시즈오카현에서 잡은 장어를 고집하는 아담한 가게다. 장어 덮밥이 가장 인기지만, 시즈오카의 명물인 벚꽃 새우와 참마, 와사비 등을 올려 육수에 말아 먹는 '스루가마부시돈駿河まぶし丼'도 별미다.

**주소** 静岡県静岡市葵区呉服町 2-6-5

**문의** sites.google.com/site/unaginoharakawa

**차토**CHA10

질소를 넣어 부드러운 거품을 오래 즐길 수 있는 맛차와 맛차 칵테일, 비건 인증을 받은 디저트 등 창의적인 메뉴를 선보이는 아담한 찻집. 매장에서 판매하는 티백은 기념품으로도 제격이다.

**주소** 静岡県静岡市葵区鷹匠1-11-6

**문의** 054-204-2210

# 시즈오카현 하마마쓰浜松

## 우나기: 여름을 기다릴 이유

도쿄의 사계절에는 저마다의 축복과 고충이 따른다. 솜사탕 같은 벚꽃이 만발하는 봄에는 삼나무로 인한 꽃가루 알레르기로 인구의 약 20%가 고통받고, 무성한 신록이 마음을 청량하게 하는 여름은 지독한 장마와 무더위를 동반한다. 가을에는 누군가 불이라도 지핀 듯 울긋불긋한 단풍이 감탄을 자아내지만, 이내 떨어지는 낙엽을 보면 서글픔이 엄습하기도 한다. 마지막으로 1년 중 가장 청명한 날씨와 연말연시 연휴의 설렘을 가져다주는 겨울은 어떨까. 바닥 난방이 드문 도쿄에서는 바깥보다 집 안에서 심한 추위에 시달리기에 십상이다.

만약 하나의 계절을 포기해야 한다면, 나는 주저 없이 여름을 선택하겠다. 장마철에 탐스럽게 피어나는 수국은 사랑스럽지만, 학창 시절 조회 시간에 일사병으로 빈번히 쓰러졌을 만큼 더위에 약해서다. 성인이 되고서는 여름이 되면 알아서 보양식을 챙겨 먹는데, 일본에 오기 전에는 복날의 삼계탕도 웬만하면 빼놓지 않았다.

일본에도 우리나라의 복날과 비슷한 풍습이 있다. 도요노우시노히土用の丑の日에 민물장어인 우나기를 먹는 것이다. 도요土用는 계절이 바뀌는 입춘과 입하, 입추, 입동 전 땅의 기운이 왕성해지는 18일을 일컫는다. 이 기간을 십이간지로 나누어 소에 해당하는 날이 도요노우시노히인데, 그중 입추 전 한여름에 돌아오는 도요노우시노히가 가장 유명하다.

그런데 도요노우시노히에 소고기도 아닌 우나기를 먹게 된 이유는 무엇일까. 가장 널리 알려진 설은 이렇다. 사실 천연 우나기는 동면이나 산란을 위해 영양을 비축하는 가을과 겨울이 제철이라, 원래 여름에 찾는 음식은 아니었다고 한다. 에도 시대(1603~1868), 신통치 않은 여름 장사에 골머리를 앓던 한 장어 가게 주인이 당시 이름난 과학자였던 히라가 겐나이平賀源内를 찾아가 묘책을 구한다. 이에 히라가 겐나이가 가게에 붙이라며 써준 문장.

금일 도요노우시노히

本日土用の丑の日

우시노히에 '우'로 시작하는 음식을 먹으면 여름을 잘 난다는 속설을 활용한 일종의 캐치프레이즈였다. 이 아이디어가 통한 덕에 장어 가게는 여름에도 문전성시를 이루었고, 점차 주변 음식점이 따라 하기 시작하면서 우나기가 여름을 대표하는 보양식으로 자리 잡게 됐다는 것이다. 나 역시 꼭 도요노우시노히가 아니더라도 여름이 되면, 몸보신을 핑계로 우나기 요리를 찾곤 한다.

기름지고 영양가 높은 우나기는 일본 어디에서나 귀한 식재료지만, 시즈오카현 마마마쓰에 있는 하마나호浜名湖산을 특히 고급으로 친다. 하마나호는 원래 평범한 호수였는데, 15세기에 일어난 지진으로 인해 태평양과 연결되며 바닷물과 민물이 섞인 독특한 환경이 조성됐다. 바다에서 부화해 해류를 타고 일본 연안에 들어오는 우나기는 치어일 때 바닷물과 민물이 섞인 기수에서 일정 기간을 보내다가 염분이 없는 담수로 옮겨간다. 우나기가 자라기 최적의 조건을 갖춘 하마나호에서는 예로부터 천연 우나기가 잡혔다. 에도 시대 일본 여러 지역의 풍물을 기록한 〈도카이도 53도회東海道五十三図会〉에서도 하마나호에서 잡힌 우나기 꼬치가 그려져 있다.

메이지 시대(1868~1912)에는 우나기 치어를 잡아 기르는 양식 사업이 하마나호에서 본격적으로 시작됐다. 그 덕분에 1960년대 말까지 시즈오카현이 일본 우나기 생산량의 1위를 차지했다. 그러나 점차 치어의 포획량이 줄고, 가격 경쟁력을 갖춘 수입산이 들어오면서 이제는 다른 지역에 밀리고 말았다. 그러나 우나기를 즐겨 온 100여 년의 역사와 전성기 시절의 잔상 때문인지, 여전히 많은 일본인이 우나기 하면 하마나호 혹은 하마마쓰를 떠올린다.

한 번쯤 하마마쓰에서 우나기를 먹어보고 싶었던 나는 도요노우시노히까지 기다리지 못하고, 초여름 더위를 핑계 삼아 신칸센에 올랐다. 우나기 양식의 발상지이자 관광 명소인 하마나호도 직접 보고 싶었다. 대중교통으로 하마나호에 가려면 하마마쓰역에서 내린 뒤 노선버스로 갈아타야 한다. 비싼 만큼 무서운 속도로 질주하는 신칸센 덕분에 도쿄역에서 하마마쓰역까지는 2시간도 채 걸리지 않았다. 하마마쓰역을 나온 뒤, 비로소 느긋한 여행이 시작됐다. 하마나호까지는 버스를 이용해야 하는데, 아무리 일본어를 구사한다고 한들 낯선 도시에서 혼자 전철도 아닌 버스로 여행하기란 쉽지 않은 법이다. 타야 할 버스를 눈앞에서 놓쳐 정류장에 30분 동안 우두커니 앉아있기도 하고, 시간표대로 도착하지 않는 버스에 속도 끓이며, 서서히 하마나호에 다가갔다.

창문 밖으로 하마나호가 보이기 시작했을 때, 달리는 버스에서 뛰어내리고 싶을 정도로 반가운 심정이었다면 믿길까. 물결이 잔잔하게 일렁이는 호수는 광활한 품으로 산과 구름을 끌어안고 있었다. 멀리서 보이는 유원지의 관람차도 마음을 들뜨게 했다. 서둘러 버스에서 내린 뒤, 고요한 호숫가를 걷기 시작했다. 그러나 아무리 걷는 데 자신 있어도 둘레 114km에 이르는 하마나호를 한 번에 둘러보기란 불가능하다. 그 경치를 제대로 즐기기 위해 간잔지 로프웨이 승강장으로 발걸음을 돌렸다.

일본에서 유일하게 호수를 건너는 간잔지 로프웨이는 하마나호 주변의 온천 관광지인 간잔지 지역과 건너편의 오구사산 정상을 잇는다. 곤돌라가 출발하자, 열린 창문을 통해 상공에서 부는 시원한 바람이 들어와 얼굴을 간지럽혔다. 눈앞에 있던 유원지가 점점 멀어져 가며 주변의 풍광이 천천히 펼쳐지기 시작했다. 곤돌라에서 내려 전망대에 오르고 나

니 비로소 호수의 너른 폭을 가늠할 수 있었다. 구불구불한 풀숲에 둘러싸인 하마나호에는 관광객을 태운 유람선만 몇 대가 잔잔한 수면에 하얀 물길을 내며 유랑하고 있었다. 시선을 최대한 멀리 뻗어야 고층 빌딩이 겨우 눈에 들어오는 목가적인 풍경에 마음이 편안해졌다.

사실 하마마쓰를 방문한 목적은 하나 더 있었다. 대학원에 다닐 때 신세 진 교수님께서 하마마쓰로 귀향해 살고 있기 때문이다. 나보다 한국 드라마에 대해 해박할 정도로 우리나라 문화에 관심이 많은 교수님은 수업에서 한국인 유학생을 만나면 유독 살뜰히 챙겨 주셨다. 졸업 후에도 종종 식사 자리를 가지며 인연을 이어가다 보니, 이제는 일본에 사는 친척처럼 친근하게 느껴질 정도다. 하마마쓰에 가신 뒤 처음 놀러 온 나를 교수님은 당연한 듯 우나기 전문점으로 데리고 가주셨다.

"옛날보다 우나기가 비싸져서, 하마마쓰 사람들도 자주 사 먹지는 못해. 특별한 날이나 이렇게 손님이 찾아왔을 때나 먹는 음식이지. 그래도 현지인이라면, 그럴 때마다 가는 단골 가게가 정해져 있기 마련이야."

교수님의 단골 가게인 우나기후지타는 1892년부터 대대로 이어져 오는 노포다. 하마나호에서 잡은 장어를 고급 요정에 제공하던 것을 시작으로, 2대째부터는 하마나호에 양식장을 열어 가까운 지역 주민들에게 양질의 우나기를 선보이게 됐다. 우나기후지타의 자랑이기도 한 비법 양념 소스는 3대째에 완성했는데, 어느덧 4대째에 이른 지금도 변치 않는 맛을 지켜가고 있다.

가게 밖에서부터 장어를 굽는 고소한 냄새가 진동해 군침이 돌았다.

고급스러운 실내 분위기를 살피며 애써 흥분을 가라앉혔지만, 네모난 칠기 그릇에 푸짐하게 담긴 장어 덮밥을 보자 젓가락질을 멈출 수가 없었다.

우나기를 조리하는 방식은 크게 도쿄 쪽인 간토식과 오사카 쪽인 간사이식으로 나뉜다. 몸통을 반으로 갈라 뼈와 내장을 제거한 뒤 넓게 펼친다는 점은 같지만, 간토 지방에서는 등을 가르고 간사이 지방에서는 배를 가른다. 사무라이 문화의 중심이었던 간토에서는 배를 여는 일이 할복을 연상시켜 기피되지만, 상인 문화가 발달한 간사이에서는 오히려 본심을 털어놓는다는 의미로 여겨져 선호한다고 한다. 또, 간토 지방에서는 초벌구이한 장어를 한 번 찐 다음 다시 굽지만, 간사이에서는 처음부터 끝까지 불에 바싹하게 굽는다는 점도 다르다.

우나기후지타는 기본적으로 간토식이지만, 장어를 찌고 양념을 발라 굽는 과정을 무려 3번이나 반복한다. 불필요한 기름을 제거함으로써 재료 본연의 담백함을 살리고, 식감을 부드럽게 하기 위해서다. 그래서인지 우나기 살이 입에 녹을 정도로 촉촉했다. 달짝지근한 간장 소스는 은은한 불 향과 함께 더욱 깊은 풍미를 완성했다. 흰쌀과의 궁합도 뛰어나 정신없이 먹다 보니, 어느새 우나기 한 마리는 온데간데없고, 그릇은 까만 바닥을 드러내고 있었다.

덮밥 한 그릇을 순식간에 비운 건 교수님도 마찬가지였다. 너무 빨리 끝나버린 식사에 서로 민망한 웃음을 터뜨린 뒤, 일본에서의 생활이나 미래에 대한 이야기를 나누었다. 처음 일본에 왔을 때는 간단한 일본어

인사조차 쑥스러워하던 제자가 어느새 일본어로 일을 한다는 사실을 교수님은 무척 대견해했다. 낯선 나라에서 한 사람 몫을 하는 사회인이 됐지만, 유학 시절 교수님과 대화하니 학생 때로 돌아간 느낌이었다. '지금 잘 살고 있다'라는 진심 어린 칭찬에 늘 가슴 한켠에 도사리는 불안과 회의도 조금은 누그러졌다. 그날의 우나기는 몸뿐 아니라 마음까지 챙긴 진정한 보양식이었던 셈이다.

하마마쓰에서의 재회를 계기로 교수님께 종종 온라인으로 한국어를 알려드리고 있다. 일본에 사는 동안 가끔 하마마쓰를 방문해 교수님도 찾아뵙고, 나만의 우나기 맛집을 찾을 때까지 여러 가게를 다녀보고 싶다. 매년 도요노우시노히가 다가오면 생각나는 도시가 생겼으니, 이제는 일본의 여름도 조금은 더 사랑할 수 있을 것 같다.

산책 tip

JR도카이도 신칸센, 도카이도 본선 하마마쓰역浜松駅에서 내린 뒤 역 주변 관광 시설은 도보로, 하마나호 주변은 노선버스를 이용해 돌아봤다. 온천과 함께 여유로운 저녁을 보내고 싶다면 간잔지 온천의 호텔이나 료칸을, 늦은 시간까지 도심을 만끽하고 싶다면 하마마쓰역 주변 숙소가 편리하다.

가 볼 만한 곳

**간잔지로프웨이**舘山寺ロープウェイ

하마나호를 조망하기 위한 필수 코스. 빨간색과 초록색 곤돌라가 약 10분 간격으로 운행하며 길이는 약 723m다. 전망대에는 기념품 가게와 카페, 그리고 약 50점의 오르골을 전시한 하마나코 오르골 뮤지엄浜名湖オルゴールミュージアム도 자리한다.

**주소** 静岡県浜松市西区舘山寺町1891

**문의** www.kanzanji-ropeway.jp

### 누쿠모리의 숲ぬくもりの森

동화책 삽화에서 튀어나온 듯한 아기자기한 마을. 건축가의 공방으로 시작된 누쿠모리의 숲은 일본어로 '온기'를 뜻하는 이름처럼 방문객을 따스한 동심의 세계로 초대한다. 작지만 개성이 두드러지는 잡화점과 카페에서 망중한을 보내기에 제격이다.

**주소** 静岡県浜松市西区和地町4765-1

**문의** www.nukumori.jp

### 무쓰기쿠むつぎく

하마마쓰를 대표하는 서민 요리인 하마마쓰 교자. 양배추와 양파를 듬뿍 넣은 담백한 교자를 회오리 모양으로 구운 뒤, 가운데에 아삭하게 데친 숙주나물을 올린다. 무쓰기쿠에서 맛본 하마마쓰 교자는 잘 익은 채소의 포슬포슬함과 돼지고기의 감칠맛이 돋보였다.

**주소** 静岡県浜松市中区砂山町356-5

**문의** mutsugiku.jp

**우나기후지타 하마마쓰역앞점**うなぎ藤田浜松駅前店

하마마쓰를 대표하는 유서 깊은 우나기 전문점 중 하나다. 본점은 아즈키모치에 자리하고 있지만, 대중교통을 이용한다면 하마마쓰역앞점이 편리하다. 덮밥 외에 우나기를 넣은 보드라운 달걀말이인 우마키う巻와 우나기 소금구이인 시라야키白焼き도 추천.

**주소** 静岡県浜松市中区砂山町322-7 2F

**문의** www.unagifujita.com

**하마마쓰성 공원**浜松城公園

도쿠가와 이에야스徳川家康가 젊은 시절을 보낸 성으로, 이곳의 성주를 지낸 뒤 요직에 오른 인물이 많아 '출세의 성'이라고도 불린다. 으리으리한 천수각을 기대하면 실망할지도 모르지만, 일본식 공원과 미술관, 스타벅스가 자리해 있어 한가로운 한때를 보내기 좋다.

**주소** 浜松市中区元城町100-2

**문의** www.entetsuassist-dms.com/hamamatsu-jyo

**하마마쓰시 악기 박물관**浜松市楽器博物館

악기 메이커 야마하YAMAHA와 가와이河合가 탄생한 음악의 도시 하마마쓰. 그 명성에 걸맞게 1,500여 점에 달하는 세계 악기를 한자리에 모든 일본 유일의 공립 악기 박물관을 보유하고 있다. 나라마다 개성이 다른 악기를 구경하는 재미가 쏠쏠하다.

**주소** 静岡県浜松市中区中央3-9-1

**문의** www.gakkihaku.jp

**하마마쓰 플라워 파크**浜松フラワーパーク

계절마다 주인공이 바뀌는 매화와 벚꽃과 수국, 창포 등 형형색색의 꽃을 감상하며 자연과 호흡할 수 있는 식물원. 30만㎡에 이르는 부지를 한 바퀴 도는 데는 약 1시간 반이 소요되지만, 피곤할 때는 언제든지 유료로 운영되는 플라워 트레인에 탑승할 수 있다.

**주소** 静岡県浜松市西区舘山寺町195

**문의** e-flowerpark.com

# 두 번째 산책:

# 콘텐츠, 마음을 두드리는 감성

## 가나가와현 가마쿠라鎌倉

# 영화 「바닷마을 다이어리」: 당신의 가족은 안녕한가요

가족은 어떤 의미에서 참 지독한 관계다. 아이는 자신이 태어날 부모나 가정환경을 선택할 수 없고, 부모 입장에서도 어떤 아이가 태어날지 예측할 수 없지만, '천륜'이라는 이름으로 영원히 묶이니 말이다. 형제나 자매도 마찬가지. 물론 내 의지와 상관없이 만난 가족이 삶의 든든한 울타리가 되어 준다면 더할 나위 없겠지만, 만약 없는 편이 차라리 나은 사람들이라면, 가족은 그 어떤 관계보다 끈질긴 족쇄가 된다.

아빠와 엄마, 그리고 둘 사이에 태어난 자식으로 이루어진 화목한 가정. 일본 영화감독인 고레에다 히로카즈是枝裕和는 가족에 대한 고착된 환상에 누구보다도 끈질기고 날카롭게 의문을 제기해 왔다. 실화를 소재로 한 그의 작품 「아무도 모른다誰も知らない」(2004)는 부모로부터 방치된 어린 네 남매의 비극을 다루고, 「그렇게 아버지가 된다そして父になる」(2013)는 산부인과에서 뒤바뀐 아이를 6년간 길러온 두 가족의 사연을, 그리고 칸 국제영화제 황금종려상을 받은 「어느 가족万引き家族」(2018)은 피 한 방울 섞

이지 않았지만, 불법과 합법의 경계를 드나들며 가족처럼 살아가는 이들의 이야기를 담는다.

그에 비하면 네 자매의 성장담을 그린 「바닷마을 다이어리海街diary」(2015)는 비교적 편안하게 감상할 수 있는 작품이다. 물론 이 영화에 나오는 가족도 결코 평범하지는 않다. 아버지는 15년 전 다른 여자를 만나 아내와 세 딸을 등진 채 집을 나갔고, 그로부터 1년 후 어머니마저 도망치듯 새 가정을 꾸려 떠났다. 부모의 부재를 메꾸며 고향 집을 지키는 것은 맏딸 사치의 몫. 똑 부러지는 간호사가 된 사치는 호탕한 성격의 은행원인 둘째 요시노와 스포츠용품점에서 일하는 셋째 치카와 함께 단란하게 살아간다. 그러던 어느 날, 세 자매는 오랫동안 소식이 끊겼던 아버지의 장례식장에서 열다섯 살짜리 이복 여동생 스즈를 만나게 되고 홀로 남겨진 소녀에게 기꺼이 함께 살자고 손을 내민다. '언니들이 다 일하니까 너 하나쯤은 건사할 수 있어'라며.

처음 OTT 서비스에 등록된 영화를 봤을 때, 나는 혹시라도 스즈가 새로운 생활에 적응하지 못하고 나쁜 사건에 휘말리는 건 아닐까 싶어 내내 가슴을 졸였다. 그러나 섣부른 걱정과는 달리, 영화는 네 자매의 일상을 중심으로 고요하게 흘러간다. 이들이 한집에 살아가며 겪는 미묘한 관계의 변화나 내면의 파동에는 상냥한 시선을 유지한 채. 특히 자신의 출생으로 한 가정이 파괴됐다는 죄책감을 짊어진 스즈가 세 언니에게 차츰 마음을 열어가는 과정은 언어와 표정, 그리고 몸짓을 통해 섬세하게 표현된다.

한 번 본 영화를 웬만해선 다시 틀지 않는 편이지만, 「바닷마을 다이어리」는 예외였다. 아니, 「바닷마을 다이어리」 덕분에 반복 감상의 즐거움을 알게 됐다 해도 과언이 아니다. 엔딩 크레딧이 올라간 뒤에도 좀처럼 여운에서 벗어나지 못한 나는 원작인 요시다 아키미의 8권짜리 만화를 사서 이틀 만에 독파하고, 다시 영화를 재생했다. 오리지널 만화의 확장된 세계를 알고 나니, 대사 한 마디 한 마디에 내포된 숨은 의미를 파악할 수 있었다. 세 번째, 네 번째부터는 습관적이었다. 반신욕을 하거나 소파에 누워 빈둥거릴 때, 심지어 글을 쓸 때도 작품을 수시로 틀어 놓았다. 익숙한 대사와 이따금 들려오는 시원한 파도 소리, 그리고 감성적인 악기의 선율은 어느덧 내 일상의 배경음악처럼 깊이 스며들었다. 돌아오는 휴일, 촬영지인 가마쿠라로 향한 것은 너무나 당연한 수순이었다.

삼면이 산으로 둘러싸여 있고, 나머지 한 면도 바다를 접한 가마쿠라는 자연이 풍부하고 유서 깊은 휴가지다. 일본 역사에서 가마쿠라는 1185년, 무장 미나모토노 요리토모가 이곳에 일본 최초의 무사 정권을 정립하며 화려하게 데뷔한다. 비록 왕의 반격으로 가마쿠라 막부는 150여 년 만에 무너졌지만, 문화재 보존을 위해 도시 개발을 제한한 덕분에 당시의 찬란했던 유산이 곳곳에 남아 있다. 한편, 끝없이 펼쳐진 바닷가를 따라 조성된 해수욕장과 야자수 길은 이국적인 풍광을 자아낸다. 전통의 향취를 간직한 수십 개의 절과 신사, 도시를 둘러싼 풍성한 녹음, 그리고 청춘들의 놀이터인 로맨틱한 해변. 여기까지만 해도 관광지로서의 매력은 충분하지만, 하이라이트가 남아 있다. 바로 「바닷마을 다이어리」

속 네 자매가 살던 고즈넉한 동네처럼 주민들의 잔잔한 일상이 모인 주택가의 풍경이다.

'땡땡땡!'

노면전차 에노덴의 경쾌한 종소리를 들으며 고쿠라쿠지역에서 내렸다. 고쿠라쿠지역은 네 자매의 집에서 가장 가까운 역으로, 스즈의 등하굣길에 빠짐없이 등장하는 장소다. 하나뿐인 개찰구를 나서자 수풀에 둘러싸인 아담한 시골 역을 마주할 수 있었다. 한눈에도 오래되어 보이는 목제 건물이지만, 밝은 녹색 간판과 울퉁불퉁한 돌계단, 그리고 입구를 지키는 새빨간 우체통이 촌스럽기는커녕 운치 있게 느껴졌다.

고쿠라쿠지역 하면 떠오르는 장면이 있다. 영화 초반부, 유난히 부산스러운 아침을 보낸 스즈가 요시노와 함께 헐레벌떡 역으로 뛰어가는 풍경이다. 전차를 놓친 뒤 플랫폼에 나란히 서서 이야기를 나누는 둘. 여전히 언니들에게 존댓말을 쓰며 조심스럽게 대하는 스즈에게 요시노는 딱딱한 '요시노 상' 대신 친한 사이에서만 쓰는 애칭인 '욧짱'으로 불러 달라 하고, 스즈는 수줍게 고개를 끄덕인다. 곧이어 스즈에게 좋아하는 남자아이는 생겼냐고 짓궂게 물어보는 요시노. 스즈는 극구 부인하며, 모처럼 사춘기 소녀다운 표정을 짓는다. 나는 애써 어른인 척하던 스즈가 서서히 아이다움을 되찾아 가는 이런 순간이 못 견딜 만큼 사랑스럽게 느껴졌다.

스즈와 요시노가 뛰어 내려오던 언덕을 거슬러 올라가자, 영화 속과

똑같은 풍경이 반겨 주었다. 에노덴이 내려다보이는 다리와 나지막한 주택, 그리고 그림의 배경처럼 자리 잡은 짙푸른 산…. 축구 연습을 마치고 돌아온 스즈가 잠시 비를 피하던, 붉은 처마를 가진 허름한 사당까지 그대로였다. 세트장에 온 착각이 들 정도지만, 베란다에 가지런히 널린 빨래와 수수한 차림으로 활보하는 주민들을 보니, 틀림없이 사람 사는 동네임을 알 수 있었다.

카메라를 들고 주택가를 서성대니, 가마쿠라에서 70년을 사셨다는 할아버지가 말을 거신다. '어디서 왔느냐'라는 질문에 잠시 고민하다 '일본에 사는 한국인이에요'라고 대답했다.

"놀러 온 거야?"

"네, 「바닷마을 다이어리」를 보고 왔어요."

"아아, 「바닷마을 다이어리」 알지. 이 주변이 영화나 드라마에 얼마나 많이 나왔는지 몰라. 우리 집도 촬영하고 싶다고 방송국에서 연락이 왔었는데 시끄러워질까 봐 거절했어."

그 말을 듣자, 영화 속 네 자매의 집으로 나온 2층짜리 고택이 떠올랐다. 요시노의 표현대로라면, 워낙 낡아서 여름에는 덥고 겨울에는 추운 데다가 방에는 열쇠도 없는 목조 주택이다. 그러나 작품을 본 사람은 안다. 네 자매가 도란도란 시간을 보내던 다다미방과 툇마루, 그리고 매화나무가 심긴 널찍한 마당이 얼마나 소담스러운지. 일반인에게 공개된 장소라면 당장이라도 방문하겠지만, 실제로 주민이 사는 개인 주택이라고 들어 일찌감치 단념한 터였다.

그 대신 스즈와 학교 친구들이 즐겨 가던 식당과 카페를 방문했고, 영화에는 나오지 않지만 원작 만화에서 인상 깊게 본 작은 신사와 가게도 부지런히 둘러보았다. 그렇게 온종일 이야기의 무대를 누비며, 나만의 추억을 덧씌웠다. 물론 내 여행은 사전 답사도 편집도 거치지 않은 현실이라, 모든 과정이 영화처럼 아름답지는 않았다. 스즈와 언니들이 맛있게 먹던 전갱이 튀김을 기대하고 간 에노시마의 한 식당에서는 똑같은 메뉴를 팔지 않았고, 만화에서 스즈가 요시노의 남자친구를 미행하던 어느 신사에서는 카메라를 떨어뜨려 고장 내고 말았다. 또 스즈와 사치가 서로의 속마음을 터놓던 산을 찾아 2시간을 헤맸지만, 태풍 탓이었는지 등산로 입구가 폐쇄되어 있었다.

그런데도 전혀 아쉽지 않았던 이유는, 영화의 피날레를 장식하는 바다가 변치 않고 그 자리에 있어 주었기 때문이다. 마지막 장면에서 네 자매는 이나무라가사키의 해안선을 거닐며 아버지의 기억을 반추한다. 스즈에게는 다정했을지 몰라도, 세 언니에게는 자신들을 버린 원망스러운 아버지다. 그럼에도 불구하고 사치는 이제 언니들에게 스스럼없이 장난도 치는 막내 스즈를 애정 어린 시선으로 바라보며 고백한다. 이토록 사랑스러운 동생을 남겨준 아버지는 분명 다정한 사람이었을 거라고.

이나무라가사키는 가마쿠라의 해안선에서 유독 봉긋하게 돌출된 곶으로, 바다를 향해 기운 절벽의 소나무와 짙은 모래색이 어딘가 쓸쓸하면서도 낭만적인 분위기를 자아낸다. 어린 시절 분지에서 나고 자라서인지, 나는 바다를 보고 단 한 번도 설레지 않은 적이 없다. 맑은 날에는 물

결과 함께 흔들리는 윤슬에 마음을 빼앗기고, 흐린 날에는 바다와 하늘의 경계가 사라진 몽환적인 광경에 매료된다. 가마쿠라에 간 날은 후자였다. 발이 푹푹 꺼지는 모래사장을 하염없이 걸으며, 규칙적으로 몰아치는 파도 소리에 귀를 기울였다. 바다에는 치유의 힘이 있다. 거센 파도 소리를 듣고 있으면 모든 고민과 불안이 떠내려가는 느낌이 들고, 무엇에도 가려지지 않은 수평선을 보고 있으면 비뚤어진 마음이 곧게 펴지는 것 같다. 매일 바다를 마주하며 하루를 시작하고 마무리하는 사람은, 그렇지 않은 이들보다 넓고 포근한 마음씨를 갖게 되지 않을까. 지금도 어디선가 온화하게 나이 들고 있을 것만 같은 바닷마을의 네 자매처럼….

산책 tip

JR 요코스카선, 쇼난신주쿠 라인 가마쿠라역鎌倉駅에서 노면전차인 에노덴江ノ電으로 환승한 뒤 느긋하게 산책하고 싶은 곳에서 내렸다. 에노덴 전 구간을 온종일 마음껏 타고 내릴 수 있는 노리오리쿤のりおりくん을 구입하면 더욱 알차게 여행할 수 있다. 도시가 넓고, 절과 신사, 박물관을 비롯한 관광 시설은 오후 4~5시 사이에 문을 닫으므로 여행을 일찍 시작하는 편이 좋다.

가 볼 만한 곳

**가마쿠라코코마에역**鎌倉高校前駅

바다를 배경으로 달리는 에노덴을 담을 수 있는 장소 중 하나. 역에서 약 도보 1분 거리에 있는 가마쿠라 고등학교 앞 건널목은 애니메이션 「슬램덩크」 오프닝에서 강백호가 채소연을 만나던 곳으로 유명해 팬들의 방문이 끊이지 않는다.

**주소** 鎌倉市腰越1-1-25

### 가마쿠라 기네마토鎌倉キネマ堂

가마쿠라역 근처 맛집과 기념품 가게가 즐비한 고마치도리 주변에 숨어 있는 레트로한 북카페. 일본 영화 포스터와 관련 서적, 굿즈를 판매하기도 한다. 가게 주인이 만화 『바닷마을 다이어리』를 보고 시라스 토스트와 진저 밀크티를 그대로 재현했다.

**주소** 鎌倉市小町2-11-11

**문의** www.kinemado.com

**고쿠라쿠지역**極楽寺駅

영화 「바닷마을 다이어리」의 따스한 분위기를 고스란히 간직한 고쿠라쿠지역. 시간이 천천히 흐른 듯한 플랫폼과 건물을 보면, 자연스레 영화 속 장면들이 떠오른다. 사치가 어머니와 함께 걷던 고쿠라쿠지極楽寺 절도 역에서 도보로 약 2분 거리에 있다.

**주소** 鎌倉市極楽寺3-7-4

### 고토쿠인高德院

1252년에 제작된 높이 약 11.3m의 청동 불상으로 잘 알려진 절이다. 푸른 하늘과 울창한 신록을 배경으로 고고하게 앉아 있는 가마쿠라 대불은 일본의 국보로도 지정되어 있다. 고토쿠인에는 아직 귀환하지 못한 우리나라 문화재인 간게쓰도觀月堂도 자리한다.

**주소** 神奈川県鎌倉市長谷 4-2-28

**문의** www.kotoku-in.jp

**요리도코로**ヨリドコロ

에노덴을 바라보며 일본 가정식을 즐길 수 있는 카페 겸 식당. 달걀흰자로 직접 거품을 만들어 밥에 올려 먹는 달걀간장밥과 감칠맛 나는 생선구이 정식이 일품이다. 창가 자리에 앉으려면 오픈 시간에 맞춰 방문할 것.

**주소** 神奈川県鎌倉市稲村ガ崎1-12-16

**문의** yoridocoro.com

### 이나무라가사키稲村ケ崎

검은 모래가 깔린 해안가에 튀어나온 작은 곶. 맑은 날에는 에노시마와 후지산을 한눈에 담을 수 있으며, 현지인에게는 노을 명소로 통한다. 건너편에는 당일치기로도 이용할 수 있는 이나무라가사키 온천稲村ヶ崎温泉도 있다.

주소 神奈川県鎌倉市稲村ヶ埼1

### 하세데라長谷寺

바닷마을의 고즈넉한 경치를 감상할 수 있는 전망대와 음식점, 박물관, 동굴 등 다채로운 볼거리를 갖추고 있다. 여름에는 약 2,500그루의 수국이 흐드러지게 피는 산책로가 이목을 집중시킨다. 수국 시즌에는 예약제로 운영되거나 추가 요금을 받기도 한다.

**주소** 神奈川県鎌倉市長谷 3-11-2

**문의** www.hasedera.jp

## 가나가와현 하코네箱根

# 애니메이션 「신세기 에반게리온」: 나의 사춘기 시절에게

어린 시절 가슴에 품었던 꿈을 다들 한 번씩 들여다보며 살까. 철 들기 전, 주변의 기대와 상관없이 가진 나의 첫 장래 희망은 만화가였다. 동네 만화방을 내 집처럼 드나들다 보니, 자연스레 만화를 그리고 싶다는 바람이 움튼 것이다. 초등학교 때까지만 해도 나는 수업 시간에 몰래 만화책을 읽거나, 좋아하는 캐릭터를 따라 그리거나, 엔딩 너머 새로운 스토리를 상상하며 공상에 빠지던 소녀였다. 학년이 올라가면서 학업을 우선시하느라 어느 틈에 놓치고 만 꿈이 지금도 아쉬울 때가 많다.

만화를 향한 애정이 마지막 정점을 찍은 시기는 중학교 1학년 때였다. 동아리 활동을 하고 싶어 연극부에 들어갔는데, 그곳에 나보다 만화를 더 사랑하는 선배들이 모여 있었던 것이다. 단순히 만화책을 쌓아 두고 읽던 나는 그들을 통해 생생한 애니메이션의 매력을 알게 됐다. 코스프레, 피규어 수집 등 작품 속 세계를 현실로 불러들이는 문화도 처음 접했다. 주변 어른들의 시선에 만화책을 읽는 취미조차 부끄럽게 여기던 사춘기 시절의 내게, 누구의 눈치도 보지 않고 좋아하는 분야에 몰입하는 선배들이 어찌나 멋져 보이던지. 자연스럽게 나는 또래 친구보다도 그들과 가깝게 지냈다. 선배들이 좋아하는 애니메이션을 열심히 찾아보거나 그림을 그려 선물하면서.

당시 가장 화제였던 작품은 안노 히데아키 감독의 「신세기 에반게리온」이었다. 14세 소년 이카리 신지가 에반게리온이라는 전투 병기의 파일럿이 되어 지구 침략에 맞선다는 줄거리. 1995년 10월에 시작한 애니메이션은 이듬해 3월 26화로 막을 내렸지만, 작품의 생명력은 상상 이상이었다. 1997년 극장판 애니메이션으로 부활해 뒤늦은 마침표를 찍는 듯했으나, 10년 뒤인 2007년 신극장판 시리즈가 새롭게 막을 연다. 신극장판 시리즈는 원작과 점차 다른 전개를 보이다 2021년에야 4부작으로 완결했다. 이야기가 세상에 처음 나온 지 무려 26년 만의 일이었다.

하나의 애니메이션이 이토록 오랜 시간 동안 사랑받을 수 있었던 비결은 무엇일까. 누군가는 수수께끼 같은 복선과 세계관을 풀어내는 환희에, 또 누군가는 한 치 앞을 예측하기 힘든 전개에 마음을 빼앗겼을 것이다. 에반게리온이 단순한 로봇이 아니라 파일럿과 정신을 공유하는 인조인간이라는 설정도 신선하고, 그들이 함께 펼치는 화려한 액션도 압권이다. 하지만 나는 어리고 나약한 주인공의 심리 묘사야말로 작품의 묘미라고 생각한다. 신지는 어려서부터 어머니의 부재와 아버지의 방관에 세상으로부터 자신을 고립했던 아이다. 파일럿이 되라는 아버지의 갑작스러운 부름에 에반게리온에 탑승하지만, 감당하기 버거운 고통과 반복되

는 실패에 몇 번이고 무너진다. 뛰어난 실력을 갖춘 다른 파일럿에게 열등감도 느낀다. 그럼에도 차츰 책임감과 동료애를 느끼며 자신만의 알을 깨고 나오는 과정은 한편의 성장 드라마와 같다. 첫 방영 당시 일본 사회는 거품 경제의 붕괴로 일자리를 잃은 가장이 스스로 목숨을 끊고, 청소년들이 자신만의 세계로 도피하는 암울한 시기를 지나고 있었다. 절망적인 작품의 세계관 속에서 피어나는 10대 파일럿의 연대와 용기가 외롭고 힘든 시기를 지나는 누군가에게 울림을 주었을지도 모를 일이다. '소년이여 신화가 되어라少年よ神話になれ'라는, 주제곡 〈잔혹한 천사의 테제〉의 마지막 구절은 애니메이션을 관통하는 메시지가 아니었을까.

「신세기 에반게리온」을 처음 알았을 때 주인공 또래였던 나도 신극장판의 마지막 편이 개봉한 2021년에는 두 배쯤 나이 든 어른이 되어 있었다. 작품과 함께 나의 한 시절도 저문 듯한 쓸쓸함 탓인지 그 무렵에는 자주 하코네를 찾았다. 「신세기 에반게리온」 속 제3신도쿄시의 모티브가 된 그곳에.

가나가와현 하코네는 화산이 만들어 낸 절경과 온천, 풍부한 문화 시설로 이름난 휴양지다. 하코네에 실제로 존재하는 장소들이 작품 전반에 등장하는데, 가장 강렬한 인상을 남긴 곳은 파일럿의 삶으로부터 도망친 신지가 배회하는 하코네의 광활한 자연이었다. 극 초반, 파일럿이 된 후 학교에 간 신지는 에반게리온 파일럿을 못마땅하게 여기는 동급생 토우지에게 억울하게 구타를 당하지만, 말없이 분을 삭인다. 그 직후 또 한 번 죽음을 무릅쓴 전투를 치른 뒤, 신지는 말없이 본부를 떠난다. 그의 정처 없는 발걸음은 눈이 다 녹지 않은 산 중턱에 다다른다. 매서운 바람과 산골짜기에서 솟아오르는 정체 모를 연기 탓에 희뿌옇게 변한 하늘이 그의 위태로운 내면을 대변하는 듯하다. 이 장면의 실제 배경은 약 3천 년 전, 하코네산에서 가장 높은 봉우리인 가미야마의 수증기 폭발로 생긴 분화구, 오와쿠다니다. 바위틈으로 끊임없이 분출되는 화산 가스 탓에 한 때는 지옥 계곡이라 불렸다고 한다. 애니메이션에 나온 연기는 다름 아닌 화산 가스였던 것이다.

에반게리온 신극장판 시리즈가 막을 내린 해 겨울, 오와쿠다니를 보기 위해 버스에 몸을 실었다. 버스 안은 따뜻했지만, 차창에 얼굴을 갖다 대니 서늘한 바깥 공기가 느껴졌다. 꽃도 단풍도 져버린 겨울 산에는 짙푸른 사철나무만 남아 자리를 지키고 있었다. 굽이진 산길을 얼마나 달렸을까. 목적지인 소운잔역이 나왔다. 해발 750m에 위치한 소운잔역에서 하코네 로프웨이를 타면, 오와쿠다니의 진풍경을 감상할 수 있다.

서둘러 승강장으로 발걸음을 옮겼다. 운 좋게 곤돌라의 창가 자리를 차지했다. 문이 닫히고 곤돌라가 출발하니, 조금 전까지 서 있었던 승강장이 순식간에 저만치 멀어졌다. 하늘을 향해 거침없이 오르던 곤돌라가 산봉우리를 넘자, 마치 무대 커튼이 열리듯 오와쿠다니가 장엄한 광경을 드러냈다. 함께 탑승한 모든 사람들의 입에서 탄성이 터져 나왔다. 아찔할 만큼 깊고, 사막처럼 황량한 협곡 곳곳에서 뿌연 화산 가스가 치솟고 있었다. 그 뜨거운 열기에도 아랑곳하지 않은 채 산머리에는 눈이 소

복이 쌓여 있어 더욱 신비로운 풍경이었다. 승강장에서 내린 뒤에도 나는 한참 동안 그 광경에서 눈을 떼지 못했다. 로프웨이를 타고 지나온 길을 돌아보니, 자욱한 연기에 곤돌라가 흐릿하게 보일 지경이었다. 대체 산속에 들끓는 열이 얼마나 뜨겁고 강렬하기에 바위틈마다 유황과 수증기가 끊임없이 새어 나오는 것일까. 어쩌면 작은 분화구에서 흘러나오는 가스가 더 큰 폭발을 유예하고 있는 것은 아닐까. 사람의 마음처럼. 제때 분출하지 않고 꾹꾹 눌러 둔 감정은 결국 더 위험한 방식으로 터져 나오기 마련이니까.

갑자기 바람이 거세져 휴게소 안으로 피신했다. 그때 오와쿠다니에서 꼭 먹어야 하는 따끈따끈한 별미가 눈에 들어왔다. 바로 돌처럼 새까만 달걀인 구로타마고黒卵. 섭씨 80도 온천에서 달걀을 1시간 동안 서서히 삶으면, 껍데기의 공기 구멍에 달라붙은 철분이 황화수소에 반응해 검은 산화철로 바뀐다고 한다. 색이 변한 달걀을 마지막으로 섭씨 100도 증기에 15분간 쪄 내면 완성. 겉모습은 기괴하지만, 껍데기를 벗기면 부드러운 흰자가 나오는 평범한 달걀이다. 추운 날씨 탓인지 김이 모락모락 나는 달걀이 유독 고소하게 느껴져, 한 번에 두 개를 해치웠다. 구로타마고는 하나 먹을 때마다 수명이 7년씩 늘어난다는 속설이 있다. 두 개를 먹었으니 적어도 향후 14년은 끄떡없다고 믿어 보기로 했다.

해가 저물고 있었기에 로프웨이 승강장으로 돌아왔다. 이번에는 반대 방향인 도겐다이역으로 내려갈 차례다. 곤돌라를 타고 낙조에 물들어 가는 하늘을 가로질렀다. 오른쪽에는 후지산의 우아한 실루엣이, 왼쪽에

는 아시노호가 보였다. 아시노호는 오와쿠다니와 비슷한 시기에 형성된 약 20km 둘레의 호수다. 도겐다이역에서 내려 유람선을 타고 여행을 마무리하고 싶었지만, 오와쿠다니에서 시간을 지체한 나머지 눈앞에서 배를 놓치고 말았다. 하지만 시간이 맞았다면 허겁지겁 유람선에 오르느라 놓쳤을 뜻밖의 풍경을 만났다. 기간 한정으로 전시 중인 도겐다이역 1층에 설치된 약 2m 높이의 에반게리온 초호기 피규어였다. 진한 보라색과 연두색의 조화가 강렬한 초호기는 신지가 조종하는 에반게리온이다. 비록 실물 크기는 아니었지만, 표정과 근육까지 면밀하게 구현된 피규어는 금방이라도 공격을 개시할 듯 위압감이 넘쳤다. 주변을 둘러보니 벽면과 천장, 바닥까지 애니메이션처럼 꾸며 놓아 잠시 작품 속에 들어온 착각에 빠졌다.

한참 초호기 사진을 찍고 아시노호의 노을을 구경하다, 땅거미가 내려앉은 후에야 하코네유모토역으로 돌아갔다. 작품 속에서 신지는 도겐다이에서 멀지 않은 억새밭에서 야영을 하다 본부 사람들에게 발견된다. 억지로 붙잡힌 뒤에도 또 한 번 떠나려 하지만, 하코네유모토역으로 토우지가 찾아와 때린 일을 사과하고, 그제서야 신지도 내면의 불안을 털어놓는다. 신지는 떠나는 전철을 타지 않고, 플랫폼에 서서 자신을 찾아온 본부 직원에게 '다녀왔습니다'라고 담담히 인사를 건넨다. 그 장면을 떠올리며 하코네유모토역에 갔지만, 애니메이션 제작 당시와 달리 플랫폼 위에 지붕이 덧대어져 있어 조금 아쉬웠다. 달라진 풍경이 그동안 흘러버린 시간의 무게를 상기시키는 듯했기에.

영원히 끝나지 않을 것 같았던 에반게리온 시리즈는 막을 내렸지만, 작품에 열광했던 수많은 소년, 소녀들의 이야기는 여전히 현재진행형일 것이다. 한때 만화가가 되고 싶었던 나는 그림과 먼 전공을 선택했고, 평범한 직장인이 됐다. 여전히 만화를 즐겨보고 그림 대신 글로 나만의 이야기를 전하고 있지만, 꿈 많던 사춘기 시절의 내게 이 사실을 미리 귀띔해 준다면 실망하지 않을까. 언젠가 그 시절을 함께한 연극부 선배들과 연락이 닿는다면 물어보고 싶다. 어떤 어른으로 자랐는지, 그리고 여전히 애니메이션을 좋아하는지.

### 산책 tip

오다큐선 하코네유모토역箱根湯本駅에 도착한 뒤, 하코네를 시계 반대 방향으로 돌아보는 것이 일반적이다. 오다큐 로망스카小田急ロマンスカー를 이용하면 신주쿠역新宿駅에서 환승 없이 갈 수 있다. 교통편으로는 하코네 등산열차와 하코네 로프웨이, 버스, 유람선 등이 있으며, 출발 지역이나 일정에 따라 하코네 프리패스箱根フリーパス를 이용한다면 더 알뜰하게 여행할 수 있다. 이왕이면 온천이 달린 숙소에서 하루쯤 머물 것을 추천한다.

### 가 볼 만한 곳

**다무라 긴카쓰테이 본점**田むら銀かつ亭 本店

두부 사이에 간 돼지고기를 끼워 튀겨낸 두부 가스가 명물. 물론 돈가스도 판매한다. 정식보다 한 단계 높은 어선 혹은 '고센郷善'을 주문하면, 가이세키 요리에서 볼 법한 아기자기하고 맛깔스러운 전채요리와 디저트도 즐길 수 있다.

**주소** 神奈川県足柄下郡箱根町強羅1300-739

**문의** ginkatsutei.jp

### 센고쿠하라 억새평원仙石原すすき草原

「신세기 에반게리온」에서 가출한 신지가 하룻밤을 머물게 되는 억새 평원. 가을이 되면 드넓게 펼쳐진 억새들이 햇살 아래 황금빛으로 빛나며 물결친다. 가장 방문하기 좋은 시기는 9월 말에서 11월 초. 3월에는 다른 수목이 뿌리내리지 못하도록 불을 놓아, 또 한 번 이색적인 풍광을 자아낸다.

**주소** 神奈川県足柄下郡箱根町仙石原

### 폴라 미술관ポーラ美術館

일본 화장품 브랜드인 폴라에서 2002년 문을 연 숲속 미술관. 그룹의 옛 소유주가 무려 40년에 걸쳐 수집한 수준 높은 컬렉션을 자랑하며, 특히 19세기 프랑스 인상파 작품이 많다. 빈 도화지처럼 새하얀 테이블이 놓인 카페와 레스토랑, 그리고 미술관 밖 산책로도 갖췄다.

주소 神奈川県足柄下郡箱根町仙石原小塚山1285

문의 www.polamuseum.or.jp

**오와쿠다니**大涌谷

명실상부 하코네를 대표하는 명소로, 화산 활동을 가까이에서 목격할 수 있는 희귀한 장소다. 단, 화산 활동에 따라 여행이 금지되는 경우도 있으니 주의. 버스나 자가용으로도 갈 수 있지만, 골짜기를 건너는 로프웨이를 타야만 보이는 풍경이 있다.

주소 神奈川県足柄下郡箱根町仙石原1251

**하코네 조각의 숲 미술관**箱根彫刻の森美術館

날씨와 계절에 따라 풍경이 시시각각 바뀌는 야외 정원을 걸으며, 근현대 조각을 대표하는 120여 점의 작품을 감상해 보자. 야외 정원 외에도 파블로 피카소의 작품만을 모은 피카소관ピカソ館와 스테인드글라스에 360도 둘러싸여 나선형 계단을 오르는 행복을 부르는 심포니 조각幸せをよぶシンフォニー彫刻 등 볼거리가 풍부하다.

주소 神奈川県足柄下郡箱根町二ノ平1121

문의 www.hakone-oam.or.jp

### 하쓰하나소바 본점はつ花そば 本店

하코네유모토역 주변의 번화한 상점가를 지나 '유모토바시湯本橋'라는 작은 다리를 건너면 2층짜리 소바집이 보인다. 하쓰하나初花는 남편의 병을 고치려고 마를 캐 소바와 함께 먹였다는 옛이야기 속 인물의 이름. 자연산 마를 갈아 날달걀, 김과 함께 소바에 올려 먹는 메뉴가 유명하다.

**주소** 神奈川県足柄下郡箱根町湯本635

**문의** hatsuhana.co.jp

### 하코네 유리의 숲 미술관箱根ガラスの森美術館

베네치아를 콘셉트로 한 동화 같은 공간에서 유리 공예의 섬세하고 눈부신 세계에 빠져 볼 기회. 중세 시대 베네치아에서 제작된 공예품에서부터 현대적인 작품에 이르기까지, 유리의 무한한 변신을 눈으로 확인할 수 있다.

**주소** 神奈川県足柄下郡箱根町仙石原940-48

**문의** www.hakone-garasunomori.jp

### 하코네세키쇼箱根関所

에도 시대(1603~1868)에 통행자들의 신분을 확인했던 검문소를 복원한 공간. 지금의 도쿄인 에도로 위험한 무기가 반입되지는 않는지 확인하고, 각 지역의 영주들을 관리하기 위해 에도에 남겨둔 친족이 도망가지 못하도록 감시하는 것이 주목적이었다고 한다. 건축물은 물론, 당시 사람들의 생활용품도 재현해 놓았다.

**주소** 神奈川県足柄下郡箱根町箱根1

**문의** www.hakonesekisyo.jp

## 나가노현 가루이자와軽井

# 드라마 「콰르텟」: 음악이 건넨 위로

"작가님은 일본어를 어떻게 공부하셨어요?"

첫 여행에세이 『다카마쓰를 만나러 갑니다』를 내고 연 북토크에서 예상 밖의 질문을 받았다. 일본에 산 기간에 비해 언어가 유창한 편은 아니지만, 되돌아보니 지금껏 일본어로 그럭저럭 먹고사는 것은 모두 드라마 덕분이었다. 도쿄에서 교환 학생으로 한 학기를 보내며 일본어를 처음 만난 2009년, 나는 학교 수업보다 일본 드라마에 빠져 지냈다. 신데렐라 로맨스가 주류였던 당시 우리나라에서는 상상하기 어려운 파격적인 소재도 많았고, 대부분 10부작으로 끝나다 보니 전개도 빨랐다. 지금도 그렇지만, 극에 재벌이 등장하는 순간 빠르게 흥미를 잃고, 선악의 구별이 모호한 작품을 선호하는 취향 때문이기도 했다. 소위 '일드'라 불리는 신선하고 매혹적인 세계에 발을 들인 나는 도서관보다 DVD 대여점에 자주 출입하며 1990년대 작품부터 섭렵하기 시작했다. 더 이상 볼 드라마가 없어지자 본방송을 챙기기 시작했다. 일본 드라마를 자유롭게 감상하고 싶다는 열망이 일본어 학습을 견인했다 해도 과언이 아니다. 동시에 일본에 사는 지금 오히려 언어 공부에 소홀해진 것은, OTT 서비스를 통해 볼 수 있는 우리나라 드라마와 예능이 지나치게 재미있어진 탓이다.

언젠가 지인의 부탁으로 기억에 남는 일본 드라마를 정리하다, 그중 여러 작품이 사카모토 유지坂元裕二라는, 같은 작가의 각본임을 깨달았다. 감명 깊게 본 그의 드라마에는 공통점이 있었다. 사회 제도에 관한 작가의 서늘한 시선이 느껴지고, 결코 평범하지 않지만 정이 가는 입체적인 캐릭터들이 등장하며, 결말이 현실적이어서 더욱 여운이 남는다는 점이었다. 너무 무겁지도 가볍지도 않은 적당한 무게감과 실제 삶에서 건져 올린 듯 섬세한 대사, 그리고 한 치 앞을 예상하기 어려운 반전의 반전 역시 그의 작품을 믿고 보는 이유다. 특히 학대받는 아이를 구하기 위해 스스로 유괴범이 된 사연을 다룬 「마더Mother」(2010)와 한 살인 사건의 유가족과 가해자 가족의 가슴 먹먹한 만남을 그린 「그래도, 살아간다それでも、生きてゆく」(2011), 그리고 파경의 위기 앞에 선 두 부부의 복잡미묘한 관계를 그린 「최고의 이혼最高の離婚」(2013)이 그랬다. 그 후로 한동안 우리나라 프로그램에 빠져 지내느라 사카모토 유지라는 이름을 잊고 지내다, 우연히 그의 작품을 틀게 됐다. 클래식 음악을 주제로 펼쳐지는 네 남녀의 비밀스러운 이야기 「콰르텟カルテット」(2017)이었다.

겉보기에는 이상적인 아내처럼 보이는 마키와 굴지의 음악가 집안에 태어난 벳푸는 바이올린 연주자다. 까탈스럽지만 밉지 않은 카사노바 이에모리는 비올라를 켜고, 말괄량이 소녀 같은 스즈메는 독학으로 첼로를 배웠다. 음악으로 먹고 살 만큼 재능이 특출나지는 않지만, 꿈을 포기할 수도 없는 30대의 아마추어 연주자들. 어느 날 거짓말처럼 노래방에서 만나 현악 4중주를 결성해 '콰르텟 도넛 홀'이라고 이름 붙인 뒤, 벳푸 가족이 소유한 나가노현 가루이자와 별장에서 동고동락하기 시작한다. 드라마는 미스터리와 로맨틱 코미디를 넘나들며 주요 인물들의 사연을 양파 껍질을 까듯 서서히 파헤친다. 네 사람의 관계성도 흥미롭다. 한 식탁에 둘러앉아 요리를 나눠 먹는 네 사람은 식구이기도 하고, 현실과 음악 사이에서 줄을 타는 동지이기도 하며, 때로는 은밀한 짝사랑 상대이기도 하다. 무엇보다 각자의 말 못 할 과거가 낱낱이 밝혀진 뒤, 당연하다는 듯 서로를 감싸는 모습이 뭉클한 감동을 선사한다.

등장인물과 비슷한 30대가 되어 생존의 버거움과 꿈의 허무함을 실감해서일까. 삶의 선율이 다른 네 사람이 같은 꿈을 향해 맞춰가는 모습이 애틋하게 다가왔다. 순식간에 최종화까지 감상하고 나자, 몰입한 세계에서 갑자기 내던져진 듯 헛헛함이 몰려왔다. 작품의 여운을 조금이라도 오래 즐기기 위해서라도 가루이자와에 가고 싶어졌다. 그러고 보면, 가루이자와는 「콰르텟」의 촬영지로 더할 나위 없는 선택이었다. 서양에서 온 클래식 음악에 가루이자와만큼 잘 어울리는 도시가 일본에 또 있을까.

고원 지대의 선선한 기후와 청정한 자연을 자랑하는 가루이자와는 1886년 캐나다 선교사인 알렉산더 크로프트 쇼Alexander Croft Shaw가 처음 방문해 풍경에 매료된 뒤, 가족 피서지로 이용하며 주목받기 시작했다.

처음에는 선교사 가족들의 소박한 별장지로 출발했지만, 머지않아 일본 상류층의 이목을 끌며 화려한 리조트와 레저 시설이 들어섰다. 기독교 색채가 짙은 이국적이고 여유로운 분위기와 훼손되지 않은 숲의 싱그러움, 그리고 수준 높은 문화와 스포츠 시설까지 갖춘 덕분에 오늘날에도 휴양지로서 인기가 높다.

가루이자와는 어떤 계절에 방문해도 나름의 매력이 있지만, 울창한 신록과 고원의 서늘한 바람이 가장 반가운 계절은 단연 여름이다. 난생처음 여름을 손꼽아 기다리던 나는, 아직 영글지도 않은 초여름의 온기가 도쿄에 닿기 무섭게 신칸센을 타고 북쪽으로 도망쳤다. 부푼 마음을 안고 내린 가루이자와역. 1시간 반 동안 상쾌하게 식은 공기가 맨살을 간지럽혔다.

가장 먼저 상점가인 구 가루이자와 긴자로 향했다. 역에서 걸어가는 길에 멋스러운 가게들이 시선을 붙잡았다. 천편일률적인 먹거리나 기념품이 아닌, 주인의 개성이 드러나는 편집숍과 소품 숍, 그리고 유명 호텔 레시피로 만들었다는 카레 빵이나 생치즈 아이스크림과 같은 특색 있는 간식이 눈에 띄었다. 초여름 햇살에 유독 눈이 부셨다. 손님을 위한 작은 배려였는지, 상점 입구마다 친절하게 알록달록한 캐노피 천막을 펼쳐 놓아 여유로운 분위기가 물씬 풍겼다. 「콰르텟」에서 사기와 절도, 협박 같은 심각한 사건이 등장해도 크게 무섭지 않은 데에는, 가루이자와의 동화 같은 분위기도 한몫하지 않았을까.

구 가루이자와 긴자 거리의 단정하고 우아한 분위기를 만끽하다, 조금 더 깊고 한적한 골목길로 들어섰다. 드라마에 자주 등장한 가루이자와 유니온 처치를 방문하기 위해서였다. 가운데가 삼각형으로 솟은 짙은 목제 건물은 1906년에 외국인을 위한 교회로 지어졌다. 누구나 자유롭게 드나들 수 있도록 문이 열려 있었는데, 지금도 예배와 모임이 열리는 듯했다. 가루이자와 유니온 처치는 드라마에서 가장 비중이 큰 인물인 마키의 사연이 공개되는 장소다. 어두운 실내에서 긴 나무 의자에 앉아 고해성사처럼 자신의 사연을 읊을 때, 창문에서 빛이 쏟아져 주변을 경건하게 밝힌다. 실내에 들어서니, 놀랄 만큼 화면 속 모습 그대로였다. 바닥과 기둥에서 나무의 자연스러운 결이 그대로 느껴지고, 천장 한 가운데에는 백색 나무 십자가가 걸려 있었다. 화려한 장식이라고는 찾아볼 수 없는 소박함과 친근함이 되려 고결하게 느껴졌다. 마키가 앉았던

자리에서 한참 동안 그 분위기를 오롯이 음미했다. 성스러운 장소여서일까. 예배당 의자에 앉아 창밖에 흔들리는 풀잎의 춤을 보기만 해도 마음이 차분해졌다. 이런 곳에서 결혼식을 올린다면, 누구도 거짓으로 혼인 서약을 할 수 없을 것 같았다.

"고모레비木漏れ日다!"

가루이자와 유니온 처치를 나와 숲길을 걷다 나도 모르게 혼잣말이 튀어나왔다. 고모레비는 나뭇잎 사이로 비치는 작은 햇볕을 뜻하는 일본어로, 우리나라 말에서는 볕뉘와 뜻이 가깝다. 카메라에 다 담기지 않을 만큼 의기양양하게 솟은 나무와 기둥에서 자유롭게 뻗어 나온 가지와 잎사귀들. 그 사이로 부서져 내린 햇살이 땅에 빛 멍울을 흩뿌리고 있었다. 나무가 뱉는 싱그러운 촉촉한 흙의 감촉, 들꽃에 앉았다 튀어 오르는 나비의 날갯짓, 여기에 산책을 하다 보면 불쑥불쑥 고개를 내미는 별장 구경도 가루이자와를 산책하는 큰 즐거움이다. 동화책에 나올 법한 새하얀 이층집과 낭만적인 오두막이 있는 반면, 잡지에 나올 법한 모던하고 세련된 건축물도 보였다. 하지만 크기나 외양과 상관없이, 창문을 열자마자 상쾌한 숲 내음을 맡을 수 있다는 사실이 마냥 부러울 따름이었다.

가루이자와에도 버스와 전철이 다니지만, 숲을 거니는 즐거움에 흠뻑 젖은 나는 딱 한 번 전철을 탄 것을 제외하고 도보로만 「콰르텟」의 촬영지를 찾아 다녔다. 콰르텟 도넛 홀이 정기적으로 연주하던 레스토랑 건물과 홍보용 사진을 찍은 장소에서부터 작품 속에서 스치듯 지나간 베이커리와 카페까지 순례하는 사이, 건강 앱에 표시된 걸음 수는 3만 보를 훌쩍 넘기고 있었다.

여행의 하이라이트는 도시를 떠나기 직전 찾아왔다. 드라마에서 콰르텟 도넛 홀이 공연을 올린 가루이자와 오가 홀에서 마침 무료 연주회를 열고 있었기 때문이다. 연못 앞에 평화롭게 자리 잡은 콘서트홀은 가운데가 뾰족하게 솟아 마치 고깔모자를 쓰고 있는 듯 귀여운 인상이었다. 연주회 시작 10분 전에 도착하니, 스무 명 남짓한 관객이 문이 열리기를 기다리고 있었다. 오후 1시 정각이 되자마자 문이 열렸다. 공연장은 드라마에서 보고 예상한 규모보다 훨씬 아담했다. 무대가 한눈에 들어오는 맨 뒷자리에 앉았다. 사위가 어두워지고, 조명이 무대에 집중됐다. 연주자들이 입장하자 공연장을 드문드문 채운 관객들이 힘찬 환호를 보내주었다. 이날의 주인공은 플루트와 오보에, 클라리넷, 바순, 그리고 호른으로 구성된 목관 5중주. 평범한 직장인이나 주부, 학생으로 보이는 수수

한 차림이었다. 성별도 나이도 제각각인 이들은 다른 연주장에서 우연히 만나 5중주를 꾸렸다고 했다. 교회나 식당 등 불러주는 곳이라면 어디에서든 공연을 펼쳤지만, 팬데믹으로 한동안 쉰 모양이었다. 이번이 두 번째 연주회라고 하니, 현실판 콰르텟이 눈앞에 나타난 셈이었다.

두 시간 남짓한 시간 동안, 때로는 세 명이, 때로는 다섯 명이 무대에 올라 총 여섯 곡을 선보였다. 클래식 음악에 조예가 얕은 내가 듣기에도 어설픈 구석이 있었다. 간혹 악기 소리가 제대로 나오지 않거나 어긋난 음이 감지되기도 했으니. 그렇지만 미소를 잃지 않은 채 동료의 소리와 템포에 귀 기울이며 긴 곡을 끝까지 연주해 내는 모습은 누가 뭐라 해도 프로다웠다. 세계적인 연주자들의 값비싼 공연을 감상할 때의 전율이나 동경과는 다른 울림이었다. 음악에 대한 기대보다 단순한 호기심에 끌려 공연장은 찾은 나도 어느새 최선을 다해 무대를 즐기는 보통의 존재들에게 진심 어린 응원의 박수를 보내고 있었다.

한낮의 단꿈 같았던 가루이자와 산책을 마치고 도쿄로 돌아오는 길, 「콰르텟」에 천재 연주자가 등장하지 않는 이유를 생각해 보았다. 어쩌면 평범한 사람이 음악을 포기하지 않는 데에 더 큰 용기가 필요해서가 아닐까. 특출난 재능이나 막대한 부를 타고나지 못했다면, 사회에서 한 사람 몫을 하는 데에도 부단한 노력이 필요한 세상이다. 온 인생을 걸고 대범하게 꿈을 좇는 용기도 멋지지만, 본인과 가족의 생계를 책임지면서 좋아하는 일을 완전히 놓지 않는 인생도 아름답지 않은지. 예술에도 삶에도 정답은 없다. 살아간다는 일은 불완전한 선택과 노력을 음표 삼아 만들어 가는 고유한 음악과 비슷하지 않을까. 한 음 한 음 신중히 결정한 나다운 곡이라면, 꼭 완벽하지 않아도 괜찮겠다. 주어진 시공간을 꽉 채워, 완주하는 것만으로도 박수받을 자격은 충분하니까.

### 산책 tip

JR 호쿠리쿠 신칸센과 시나노 철도 등이 지나는 가루이자와역軽井沢駅에서 산책을 시작했다. 도쿄에서 신칸센을 타고 가는 방법이 가장 편리하지만, 신주쿠 버스터미널バスタ新宿이나 이케부쿠로역池袋駅 등에서 고속버스를 타고 이동할 수도 있다. 가루이자와역과 한 정거장 떨어진 나카카루이자와역中軽井沢駅 주변은 모두 걸어서 구경했다. 계절에 따라 자전거 대여도 추천하며, 전철역에서 떨어진 관광지인 시라이토 폭포白糸の滝와 하루니레 테라스ハルニレテラス까지는 버스로 이동할 것을 추천한다.

### 가 볼 만한 곳

**가루이자와 센주 히로시 미술관**軽井沢千住博美術館

센주 히로시의 작품을 좋아한다면, 이곳을 위해 가루이자와를 방문해도 아깝지 않다. 건축가 니시자와 류에가 지은 미술관에는 곳곳에 중정이 설치되어 정원을 산책하는 기분이 든다. 자연 풍경을 간결하면서도 깊이 있게 표현한 작품과도 더할 나위 없이 어울린다.

**주소** 長野県北佐久郡軽井沢町長倉815

**문의** www.senju-museum.jp

### 가루이자와 탈리에신軽井沢タリアセン

콰르텟 도넛 홀이 홍보를 위한 메인 포스터 사진을 찍은 호숫가. 배경에는 고풍스러운 붉은 별장이 눈에 띈다. 촬영지를 수소문해 찾아가니, 고카트와 패밀리 골프 등 어트랙션을 갖춘 레저 시설이었다. 싱그러운 풍경 덕분인지 웨딩 촬영을 하는 커플이 많았다.

**주소** 長野県北佐久郡軽井沢町大字長倉217

**문의** www.karuizawataliesin.com

### 가루이자와 가와카미안軽井沢 川上庵

일본의 여름은 소바다. 도쿄에도 지점이 있지만, 고급 레스토랑을 떠올리게 하는 가루이자와점의 분위기가 특히 매력적이다. 테라스에서 팝송을 들으며 거친 질감의 소바와 큼직한 튀김을 즐겼다. 소바 외에도 폭넓은 단품 요리와 주류 셀렉션을 자랑한다.

**주소** 長野県北佐久郡軽井沢町軽井沢6-10

**문의** www.kawakamian.com

**가루이자와 유니언 처치**軽井沢ユニオンチャーチ

가루이자와의 자연 친화적이고 문화적으로 풍요로운 마을 분위기를 만드는 데 공헌한 캐나다 출신의 다니엘 노르만Daniel Norman 선교사가 개척한 교회다. 대중적인 관광지는 아니지만, 결혼식만을 위해 지은 채플보다 의미 깊고, 자연스럽게 축적된 세월의 향기가 마음을 편안하게 한다.

**주소** 長野県北佐久郡軽井沢町大字軽井沢862

**문의** www.karuizawaunionchurch.org

**가루이자와 프린스 쇼핑 플라자**軽井沢・プリンスショッピングプラザ

넓은 연못과 그 주위를 둘러싼 잔디 광장 덕분에 탁 트인 공원을 산책하는 기분이 드는 아웃렛. 브랜드 매장뿐 아니라 식당과 카페도 모여 있어, 쇼핑을 즐기지 않는 사람에게도 추천할 만하다. 가루이자와역 남쪽 출구 바로 앞에 자리해 도시를 떠나기 전 기념품을 사기에도 좋다.

**주소** 長野県北佐久郡軽井沢町軽井沢

**문의** www.karuizawa-psp.jp

### 구 가루이자와 긴자旧軽井沢銀座

수많은 디저트 카페와 기념품 가게가 늘어선 상점가. 비틀스의 존 레넌과 예술가 오노 요코가 즐겨 찾았다는 베이커리 브랑제리 아사노야 큐카루이자와 본점ブランジェ浅野屋軽井沢旧道本店과 구 미카사 호텔旧三笠ホテル, 그리고 고풍스러운 쇼핑몰인 처치 스트리트 가루이자와チャーチストリート軽井沢 등이 모여 있다.

주소 長野県北佐久郡軽井沢町大字軽井沢634

문의 karuizawa-ginza.org

**가루이자와 오가 홀**軽井沢大賀ホール

콰르텟 도넛 홀이 꿈꾸던 공연을 펼치는 무대. 야가사키 공원矢ケ崎公園 한 켠에 한 폭의 그림처럼 서 있다. 다채로운 공연이 꾸준히 개최되니, 홈페이지에서 콘서트 캘린더를 미리 확인하고 방문해 보자.

**주소** 長野県北佐久郡軽井沢町軽井沢東28-4

**문의** www.ohgahall.or.jp

## 니가타현 유자와湯沢

# 소설 『설국』: 기댈 수 있는 환상

가끔은 내가 쓰는 여행 에세이가 나 자신을 주인공으로 내세운 일인칭 소설과 비슷하다는 생각이 든다. 물론 여행이라는 스토리와 배경, 등장 인물, 그리고 대사는 의심의 여지 없이 실제다. 그러나 과거의 기억은 변형되기 마련이고, 여행지에서 만난 풍경과 사람에 대한 감상은 주관적이며, 누군가와 나눈 대화 역시 언어적 한계로 인해 내 안에서 조금은 곡해됐을 소지가 있다. 내가 경험한 진실이 같은 시공간에 있었던 다른 이의 진실과 전혀 다를 수 있다고 생각하면, 정반대의 색이라고만 여겼던 사실과 허구의 경계가 물감 번지듯 희미해진다.

있는 그대로의 사실에 갇히지 않는 '소설 같은 에세이'가 있다면, 반대로 작품 속 인물과 작가가 포개지는 '에세이 같은 소설'도 있다. 1920년대에 등장한 일본 특유의 문학 장르인 사소설처럼. 허구의 세계가 아닌 작가의 경험을 재현한 사소설은 외부 사건보다는 인물의 개인적인 삶을 주시하며, 어두운 내면과 도덕적 결함까지 적나라하게 밝힌다. 독자 입장에서는 이야기가 사실에 기반한다는 전제가 몰입도를 높여 주기도 한다.

일본에 최초의 노벨 문학상을 안겨준 가와바타 야스나리의 『설국』(1948) 역시 사소설의 성향이 짙다. 주인공은 직접 본 적도 없는 서양무용에 관한 글을 쓰며 무위도식하듯 사는 기혼 남성 시마무라. 눈이 많이 내리는 어느 온천 마을에서 게이샤인 고마코를 알게 된 후, 세 번에 걸쳐 '설국'을 찾는다. 고마코에게도 이따금 찾아오는 오랜 연인이 있지만, 시마무라가 머무는 료칸 방을 거리낌 없이 찾아와 마음을 드러낸다. 매사를 헛수고라 치부하며 관조적 태도를 보이는 시마무라도 고마코의 당돌함에 때때로 알 수 없는 전율을 느낀다. 한편, 설국으로 오는 기차 안에서 훔쳐본 요코라는 소녀도 시마무라에게 감정의 동요를 일으킨다. 요코는 아픈 연인인 유키오를 지극정성으로 보살피고 있는데, 공교롭게도 유키오는 고마코와 약혼자라는 소문까지 났던 각별한 관계다. 작품은 추상적인 허무와 쓸쓸함을 밑그림 삼아, 기대와 실망, 관능과 냉담이 교차하는 네 인물 사이 기류를 세밀하게 전달한다. 독자로서는 언뜻 의미 없어 보이는 대화에 감춰진 사연과 속내를 추측하고, 작가가 비워 둔 이야기의 전말을 채워가는 즐거움이 있다.

그렇다면 『설국』은 진실을 얼마만큼 담고 있을까. 우선 가와바타 야스나리가 무용 평론가였다는 사실이 시마무라의 직업에 그대로 반영됐다. 허무주의에 빠진 그의 태도도 작가의 궤적을 떠올리면 낯설지 않다. 부모님을 일찍 여읜 뒤 조부모마저 청소년기에 떠나보낸 그에게 고독은 공기 같은 존재였을 것이다. 게다가 누구나 꿈꾸는 노벨 문학상을 거머쥐며 작가로 성공한 뒤에도 스스로 생을 마감한 그다. 또한, 작품은 설국이 정확히 어디인지 특정하지 않지만, 가와바타 야스나리가 니가타현 유자와 소재의 료칸 다카한에서 한 달쯤 머물며 초안을 집필했고, 그곳에서 고마코의 모델이 된 게이샤 마쓰에를 만났다는 사실은 유명하다. 눈앞에 사진이 펼쳐지는 듯한 생생하고 유려한 풍경 묘사 역시 작가가 료칸 방에서 창밖을 바라보거나 유자와를 산책하며 썼기에 가능하지 않았을까. 『설국』의 아름다움에 마음을 빼앗긴 독자라면, 작품의 실질적 무대인 유자와라는 마을이 무척 궁금해질 것이다.

도쿄에서는 이미 매화가 만개하고 성미 급한 벚꽃도 고개를 내밀던 겨울의 끝자락, 다카한에서의 하룻밤을 예약한 뒤 에치고유자와역으로 향하는 신칸센에 올랐다. 창가에 앉으니 멀리 눈이 소복이 쌓인 산에 시선이 닿았다. 깜깜한 터널을 지날 때마다 설산이 한기를 몰고 내게 뚜벅뚜벅 다가오는 것 같았다. 에치고유자와역에 내리기 전 마지막 터널을 통과하자 고작 1시간 반 만에 도쿄와 완전히 다른 계절로 이동했음을 알 수 있었다. 마을을 둘러싼 산맥과 건물의 지붕이 온통 눈으로 뒤덮여 있었기 때문이다. 신칸센이 없던 시대에 설국을 찾은 시마무라처럼 보통열차를 탔다면, 길이 약 9.7km에 이르는 시미즈 터널을 지나야 한다. 긴 어둠을 지나 이토록 환한 설경을 마주한다면, '국경의 긴 터널을 빠져나오자 설국이었다国境の長いトンネルを抜けると雪国であった'라는 소설의 첫 문장처럼 강렬한 인상을 받지 않을까.

추위를 피해 역 안으로 모인 것 마냥 옹기종기 늘어선 식당과 기념품 가게를 지나 밖으로 나왔다. 시리도록 파란 하늘 아래 새하얗게 뒤덮인 거리가 눈부시게 빛났다. 깨끗하게 닦인 도로 양쪽에는 어른 키만 한 눈 벽이 우뚝 세워져 있었고, 제 몫을 다 한 커다란 제설차 몇 대가 휴식을 취하는 중이었다. 나는 숙소로 바로 가는 대신, 역 주변의 상점가와 주택가를 돌아보며 도쿄에서 보기 드문 설경을 눈에 실컷 담았다. 지붕마다 두껍게 쌓인 눈이 제 무게를 견디지 못하고 푹 쓰러지기도 했고, 햇살의 편애를 받는 자리에서는 빗소리를 내며 흘러내리기도 했다. 눈에 매몰되다시피 한 곳도 있었다. 주택가를 지나다 꼭대기만 겨우 내민 그네와 정글짐을 보고 놀이터가 있던 자리임을 알았다. 또, 지도상 공원이 있어야 할 곳은 흔적도 없이 파묻힌 채 동네 주민들의 스노보드장으로 용도가 변경된 지 오래였다. 그런 모습은 이야기의 실체는 꼭꼭 숨긴 채 수수께끼처럼 윤곽만 드러내는 소설의 기조와도 닮아 있었다.

운동화가 젖어 발까지 축축해지고 나서야 다카한으로 발걸음을 돌렸다. 숙소에 가까워질수록 지대가 높아져 해발 2,000m에 이르는 에치고 산맥과 그 아래 오밀조밀 모인 주택가가 한눈에 들어오기 시작했다. 인공 구조물은 본래의 형태를 짐작하기 어려웠지만, 새하얗게 변한 산은 굴곡에 따라 짙은 음영이 드리워 본래 형태가 오히려 더 두드러져 보였다. 눈옷을 입은 산맥이 거친 도화지처럼 보였다. 한낮에는 햇살을 받아 광택을 발하고, 저녁에는 노을과 함께 분홍빛으로 물드는. 그리고 해가 저물면 은은한 달빛을 머금은 채 소설의 도입부처럼 '밤의 새하얀 밑바닥'이 되겠지.

『설국』의 무대인 다카한은 1075년에 개업한 마을의 터줏대감이다. 다만 가와바타 야스나리가 머물던 1900년대의 고풍스러운 목조 건물은 화재로 자취를 감추었고, 지금은 콘크리트 건물이 들어섰다. 내부는 대체로 예스러운 분위기를 풍기지만, 로비에는 1층으로 연결되는 에스컬레이터와 길게 늘어뜨린 노란색 샹들리에가 설치되어 있어 묘한 이질감이 든다. 에스컬레이터를 타고 한 층을 오르면 가와바타 야스나리가 소설을 집필한 객실인 가스미노마かすみの間를 재현한 작은 박물관이다. 『설국』의 초판과 작가의 친필 원고 등 귀한 자료와 사진도 함께 전시되어 있다. 설레는 마음으로 가스미노마를 들여다보았다. 삼 면이 설경으로 둘러싸인 노란 다다미방으로 한 가운데에 자그마한 좌식 의자 두 개와 테이블, 화로가 놓여 있었다. 자료실에서 본 게이샤 마쓰에의 앳된 얼굴과 가와바타 야스나리의 공허한 눈빛을 떠올리며, 그 자리에 있었을 둘의 모습을 상상했다. 책 속 검은 글씨에 담긴 모호한 세계가 입체적으로 떠오르는 순간이었다.

박물관 구경을 마친 뒤에는 료칸에서 제공하는 사시미 코스를 먹고, 저녁 8시가 되기 전 다시 로비 층으로 내려갔다. 간이 극장에서 영화「설국」(1957)을 보기 위해서였다. 직원이 영화를 틀며 보일러와 가까운 앞자리가 따뜻하다고 넌지시 알려 주었지만, 혹시라도 두 시간이 넘는 흑백 영화를 다 못 보고 일어나면 다른 관객에게 민폐일까 맨 뒷자리에 앉았다. 하지만 나는 엔딩 크레딧이 오를 때까지 자리를 뜨지 않았고, 그때까지 다른 관객은 아무도 없었다.

지금으로부터 60년도 전에 개봉했으니, 「설국」은 내가 처음부터 끝까지 감상한 영화 중 가장 오래된 작품일 것이다. 시마무라 역을 맡은 이케베 료池部良와 고마코로 분한 기시 게이코岸惠子의 젊은 시절은 흑백으로 보아도 감탄이 나올 만큼 고왔다. 그런데 줄거리가 원작과 다르게 흘러가고, 인물들의 감정 표현이 과잉되게 느껴져 어색한 인상을 지울 수 없었다. 시대에 따라 관객의 요구나 해석이 달라져서일까. 21세기를 사는 나에게 시마무라의 눈빛에서는 허무보다 욕망이 커 보였고, 고마코의 행동은 지나치게 격정적이었으며, 질투에 눈이 먼 요코는 아예 다른 사람 같았다. 그렇지만 지금보다도 한갓진 영화 속 유자와의 풍경만큼은 분명 소설에 한 발짝 다가간 느낌을 주었다.

다음 날 아침, 창문 너머로 무채색 하늘을 훔쳐보았다. 빽빽한 구름과 설산이 비슷한 색이다 보니 경계가 모호했다. 어디선가 눈 녹은 물이 뚝뚝 떨어지는 소리가 들렸다. 유자와에도 조만간 봄이 올 것이고, 때가 되면 영원할 것만 같던 눈도 흔적 없이 사라질 것이다. 세 번의 계절을 함께하며 켜켜이 쌓았던 시마무라와 고마코의 관계처럼.

나는 두 사람 사이를 형용할 단어를 고민하다, 사랑보다는 환상에 가깝겠다는 결론을 내렸다. 시마무라에게 고마코가 사는 눈의 고장은 기나긴 터널 너머에 존재하는 다른 차원의 세계다. 비현실적으로 쏟아져 내리는 눈이 일상의 흔적을 지워낸 순백의 공간. 현실 속에서는 고독과 체념뿐인 그의 마음도 설국에서는 낯선 자극으로 출렁인다. 반면, 고마코에게 온천 마을 자체는 거친 삶의 터전이다. 유키오의 요양비를 벌기 위해 게이샤로 나섰지만, 첫사랑이었던 그는 다른 여자의 간호를 받으며 죽음을 기다리고 있다. 그것도 같은 집에서. 연회 자리에 불려 가 손님의 비위를 맞추는 일도 때로는 힘에 부친다. 그런 고마코에게 예고도 없이 찾아오는 시마무라는 잠시나마 현실을 잊게 해주는 신기루 같은 존재가 아니었을까. 자신에게 아무것도 요구하지 않는 그에게 고마코는 마음껏 서글픔과 괴로움을 토해내고, 술에 취해 어리광도 부린다. 살아온 환경이 정반대인 두 사람이 서로에게 잠시나마 기댈 수 있는 환상이 됐다가 정해진 끝을 향해 간다는 것이, 내가 이해한 소설의 줄거리다.

비록 이루어질 수 없는 환상이라도, 가끔 꺼내 보는 것만으로도 위안을 주는 세계가 있다. 시마무라나 고마코와 같은 인물일 수도 있고, 여행이나 코스프레를 통한 다른 세계로의 일탈, 혹은 일확천금을 바라며 사는 복권 한 장일 수도 있다. 아무리 허황된 일이라 욕해도 그런 기쁨조차 없다면 어떻게 지난한 일상을 견딜 수 있을까. 여느 때처럼 퇴근 후 원고를 쓰러 노트북을 킨 날, 모니터 안에서 새하얗게 빛나는 빈 페이지를 보며 이곳이 나만의 설국일지도 모르겠다는 생각이 스쳤다.

### 산책 tip

JR 에치고유자와역越後湯沢駅 주변에 1박 2일을 보내기 충분한 숙소와 당일치기 온천, 스키장, 식당, 카페 등이 밀집되어 있다. 설경을 감상하며 스키와 스노보드를 타기 가장 좋은 시기는 12월에서 2월까지로, 관광객으로 마을이 가장 붐비는 시기다. 반면, 눈이 완전히 걷힌 유자와의 진정한 모습을 보고 싶다면 봄가을이 적기다.

### 가 볼 만한 곳

**유키구니노야도 다카한**雪国の宿 高半

온종일 『설국』의 세계관 속에 머물 수 있는 유일무이한 료칸. 가와바타 야스나리가 머문 객실을 재현한 가스미노마와 자료관, DVD 상영관 외에도 온천, 마사지 등을 갖췄다. 저녁에는 코스 요리를, 아침에는 일식 정식 또는 뷔페를 제공한다.

**주소** 新潟県南魚沼郡湯沢町湯沢923

**문의** www.takahan.co.jp

**갓포 히후미**割烹 一二三

현지 사람에게 식당 추천을 부탁하면 어김없이 언급되는 가게로 니가타 현의 식재료를 활용한 일식 메뉴를 선보인다. 점심에는 밥과 미소 된장국, 채소 반찬, 그리고 메인 요리로 구성된 정식이 편리하지만, 술 한 잔 곁들이기 좋은 해산물 중심의 단품 요리가 훨씬 다채롭다.

**주소** 新潟県南魚沼郡湯沢町大字湯沢372-1

**문의** 025-784-2039

**에치고도카마치 고지마야 에치고유자와역점**越後十日町小嶋屋 越後湯沢店

니가타현의 명물 요리인 헤기소바へぎそば는 국수 반죽에 해초의 일종인 청각채를 넣어 일반 소바보다 표면이 매끄럽고 속은 찰기가 강하다. '헤기へぎ'라고 불리는 나무 그릇에 먹기 편하게 담아내는 것도 특징. 소바와 찰떡궁합인 튀김 등 사이드 메뉴도 풍부하다.

**주소** 新潟県南魚沼郡湯沢町湯沢主水2427-1

**문의** 025- 785-2081

**유자와코겐**湯沢高原

유자와 고원을 해발 1,000m까지 오르는 로프웨이와 스키장과 파노라마 파크, 레스토랑 등을 보유하고 있다. 곤돌라 크기가 커 마치 버스에 탄 기분이 든다. 사계절 내내 로프웨이로 고원을 오르내리며 마을 전경을 감상할 수 있으며, 특히 스키를 비롯한 윈터 스포츠의 명소다.

**주소** 新潟県南魚沼郡湯沢町大字湯沢490

**문의** www.yuzawakogen.com

**폰슈칸 에치고유자와역점**ぽんしゅ館 越後湯沢駅店

니가타현이 자랑하는 식문화를 모아둔 시설로 역 안에 자리하고 있어 여행을 시작하거나 마무리하기 좋다. 특히 눈과 함께 니가타현을 대표하는 쌀과 니혼슈 종류가 풍부하다. 애주가라면 500엔에 최대 5잔의 술을 맛볼 수 있는 시음 코너, 기키자케반쇼唎酒番所는 필수.

**주소** 新潟県新潟市中央区花園1-96-47

**문의** www.ponshukan.com/yuzawa

**스와사**諏訪社

가와바타 야스나리가 산책하며 작품을 구상했다고 알려진 작지만 운치 있는 신사. 『설국』에서 시마무라가 고마코와의 첫 만남 이후 자신의 감정을 깨닫는 곳이기도 하다. 소설에 묘사된 이끼 낀 수호 사자상과 높은 삼나무를 두 눈으로 확인할 수 있다.

**주소** 新潟県南魚沼郡湯沢町湯沢901

**유자와마치 역사민속자료관 설국관**湯沢町 歴史民俗資料館 雪国館

마을의 역사와 전통적인 생활 양식을 한눈에 파악할 수 있는 자료관. 일년에 약 140일을 눈과 함께 지낸 유자와 사람들이 고안한 방한용 옷과 신발 등을 구경하는 재미가 있다. 가와바타 야스나리의 생애와 소설 『설국』에 관한 자료도 풍부하다. 2023년 12월 중순 리뉴얼 오픈.

**주소** 新潟県南魚沼郡湯沢町大字湯沢354-1

**문의** www.e-yuzawa.gr.jp/yukigunikan

白
林

まつのや

## 사이타마현 도코로자와所沢

# 애니메이션 「이웃집 토토로」: 내면 아이를 깨우는 산책

"나는 스물다섯부터 나이를 세지 않기로 했단다."

중학교 입학식 날, 처음 보는 중년 교사의 나이를 천진하게 물어보는 학생들에게 돌아온 대답이었다. 열네 살 소녀에게도 스물다섯이라는 나이는 동경의 대상이었기에, 나는 그 독특한 계산법이 단순히 나이를 숨기고 싶은 어른의 농담이자 젊은 시절을 향한 그리움의 표현이라고만 생각했다. 세월이 지나 나 역시 스물다섯에서 저만치 멀어져 보니, 그 말에 담긴 진심이 헤아려진다. 아무리 법적 연령이 높아져도, 내 안에는 여전히 감수성 넘치는 젊은 아가씨와 마냥 놀고만 싶어 하는 철부지 어린이가 공존한다. 조금이라도 방심하면 언제든지 튀어나와 나를 당황하게 만들 준비를 한 채.

어른의 가면을 무장해제하고 내면의 아이를 끌어내 울고 웃기는 일. 어른에게 만화가 필요한 이유가 아닐까. 미야자키 하야오 감독의 애니메이션에는 그런 힘이 있다. 그가 공동 창업한 스튜디오 지브리 하면 애니

메이션 최초로 일본 아카데미 최우수 작품상을 받은 「원령공주もののけ姫」(1997)와 스튜디오 사상 최고의 흥행 성적을 기록한 「센과 치히로의 행방불명千と千尋の神隠」(2001) 등이 떠오르지만, 내 마음속 부동의 1위는 언제나 「이웃집 토토로となりのトトロ」(1988)다. 마치 동화책을 그대로 옮긴 듯한 수수한 화면에는 현란한 액션도, 극적인 장치도 기대할 수 없다. 그러나 피아노 선율에 따라 펼쳐지는 순수하고 무해한 이야기가 자연스레 유년기의 추억과 포개져 그 시절의 나를 소환하고 만다.

1950년대 일본을 배경으로 한 「이웃집 토토로」는 건강이 악화한 어머니를 위해 한 가족이 시골로 이사하는 장면에서 출발한다. 푸른 논밭을 가로지르는 아버지의 차에서 첫째 딸인 사츠키와 막내딸 메이는 마냥 들뜬 표정이다. 어린 시절 시골에 갈 때마다 차 멀미를 하느라 뒷좌석에 누운 채, 문틈으로 새어 들어오는 비료 냄새에 괴로워하던 나와는 영 딴판이다. 오래된 주택에 도착한 두 소녀는 먼지 쌓인 허름한 집에 실망하기는커녕, 신기하다는 듯 눈을 반짝이며 뛰어다닌다. 아파트 생활에 익숙하던 내가 처음 시골 친척 집에 가던 날, 재래식 화장실과 텃밭, 바닥이 그을린 침대 없는 방을 흥미진진하게 구경하던 때가 생각난다. 어린아이의 순수함을 간직한 사츠키와 메이는 집에서 출몰한 숯검정이 요정 마쿠로쿠로스케まっくろくろすけ도, 마당에서 도토리를 줍다 만난 숲의 정령 토토로도 한 치의 의심 없이 곧이곧대로 받아들인다. 산타클로스의 존재를 굳게 믿었던 오래전 나처럼. 무언가에 시선을 빼앗기면 앞뒤 생각하지 않고 쫓아가는 천방지축 메이에게서는 해가 질 때까지 놀이터를 떠날 줄

모르던 예닐곱 살의 내가 보였고, 아픈 엄마의 부재를 의젓하게 채우던 사츠키가 아이처럼 울음을 터뜨리던 순간에는 애써 어른인 척하던 사춘기의 어느 날이 떠올라 함께 눈시울을 붉혔다. 무엇보다 두 아이를 위해 어디로든 갈 수 있는 고양이 버스를 불러주는 등 신비로운 능력으로 그들을 어루만진 토토로에게 함께 위로받았다. 작품을 다 보고 나면, 쫑긋한 귀와 장난기 어린 눈, 동글동글한 실루엣을 가진 토토로를 누구나 만나고 싶어질 것이다.

지금까지도 지브리 팬의 사랑을 독차지하는 토토로라는 캐릭터는 대체 어디에서 왔을까. 물론 미야자키 하야오의 손끝에서 탄생한 상상 속 존재이기는 하지만, 가장 유력한 후보는 사이타마현 도코로자와다. 미야자키 하야오 감독이 결혼 후 1960년대 후반부터 정착한 도코로자와는 도쿄와 사이타마현에 걸쳐 동서로 11km, 남북으로 4km 뻗은 사야마 구릉과 맞닿아 있다. 개발의 손길이 미치지 않은 풍요로운 자연환경과 그곳을 보금자리 삼아 살아가는 동식물이 「이웃집 토토로」에 영감을 주지 않았을까. 애니메이션의 초기 제목이 '도코로자와의 이웃집 유령所沢にいるとなりのおばけ'이었다는 사실도 이 가설을 뒷받침한다.

그렇다면 도코로자와의 무엇이 토토로의 탄생에 영감을 주었을까. 이 호기심을 풀기 위해 어느 가을날, 은행나무 잎처럼 샛노란 세이부 전철을 타고 토토로의 고향에 갔다. 서늘한 바람에서 서서히 다가오는 겨울의 입김이 느껴졌지만, 아직은 주홍빛 잎사귀들이 나뭇가지에 단단히 매

달린 채였다. 역에서 내려 줄곧 따라가던 큰 도로를 조금 벗어나자 그림처럼 정다운 주택가 풍경이 펼쳐졌다. 탁 트인 마당에서 캐치볼을 하는 가족과 집마다 대문과 현관을 장식한 수많은 강아지와 고양이 조각상, 그리고 누군가 정성스레 가꾸었을 알록달록한 화단을 지나, 이들의 삶을 포근히 감싸고 있는 사야마 구릉으로 걸어 들어갔다. 그곳에 토토로의 숲이 있기에.

사야마구릉과 그 주변에 조성된 토토로의 숲은 입장료를 지불하고 들어가는 미술관이나 테마파크와는 성격이 딴판이다. 1990년대 자연을 훼손하는 택지 개발을 막기 위해 일반 시민들이 자발적으로 기금을 모은 데서 출발했다. 환경보호단체인 일본 내셔널 트러스트에서 해당 기금으로 숲을 조금씩 구입해 누구나 자연을 향유할 수 있도록 개방해 온 것이다. 도코로자와의 풍요로운 자연을 산책하며 애니메이션의 영감을 얻은 미야자키 하야오 감독이 뜻을 함께한 덕분에 '토토로의 숲'이라는 이름을 쓰게 됐다고 한다. 그러나 박물관이나 놀이공원을 기대하고 갔다가는 실망하기 십상이다. 애니메이션 관련 그림이나 소품은커녕, 입구를 지키는 사람 한 명 보이지 않는 잡목림일 뿐이기에. 지도를 보고 찾아간 나도 처음에는 입구를 지나치는 바람에 다시 돌아와야 했다. 자세히 보니, 수풀 사이에 덩그러니 세워진 '토토로의 숲 1호지'라는 낡은 표지판이 나지막이 말을 걸고 있었다.

표지판 옆에 놓인 나무 계단을 오르기 시작하자, 벌레들이 윙윙 소리를 내며 침입자를 쫓아오기 시작했다. 손과 발을 바쁘게 움직이며 한참 뜀박질한 후에야 그들의 추격을 따돌릴 수 있었다. 가쁜 숨을 땅에 토해낸 뒤 몸을 일으키고 나니, 어느새 숲의 한가운데였다. 풀이 무성히 자라난 땅에서부터 싱그러운 나뭇잎으로 뒤덮인 하늘까지, 시선이 닿는 곳마다 짙푸른 신록으로 칠해진 세상. 자세히 보면 잎사귀나 가지의 형태가 제각각인 식물이 나름의 균형을 이루며 살아가는 천연 그대로의 아름다움이었다. 조금 전까지만 해도 평범한 주택가를 걷고 있었던 나는, 마치 시공간이 묘연한 세계에 떨어진 기분이 들어 얼떨떨했다. 숲을 구경하며 가만히 서 있으니, 나뭇잎에 부서진 햇살이 이마에 떨어지고 가지 사이로 불어온 햇살이 머리카락을 간지럽혔다. 포근함과 상쾌함을 동시에 머금은 공기를 힘껏 들이켰다. 왠지 모를 해방감이 차올랐다. 그 흔한 포토스폿도, 잘 정비된 산책로도, 꽃과 나무의 이름을 친절히 알려주는 이름표도 없지만, 그렇기에 사츠키와 메이가 뛰놀던 숲과 꼭 닮은 곳이었다. 땅에 떨어진 도토리를 볼 때마다 '혹시 메이처럼 도토리를 따라가다 보면 토토로를 만날 수 있지 않을까?' 하는 천진한 희망이 솟았다.

아무리 산책길이 즐거워도 수십 개가 되는 토토로의 숲을 하루 만에 다 돌아볼 수는 없는 일. 사야마 구릉의 극히 일부를 돌아봤을 뿐이지만,

「이웃집 토토로」 OST를 흥얼거리며 정처 없이 걷는 동안, 콘크리트처럼 단단하게 쌓아 올렸던 마음의 외벽이 잠시 무장 해제되고, 잠들어 있던 어린아이가 깨어남을 느꼈다. 매사에 시큰둥하던 내 눈빛이 낯선 들꽃을 보며 경탄했고, 인간의 발길이 닿지 않는 어딘가에 분명 상상 속 존재가 살고 있으리란 확신이 들었다. 하긴, 정말 토토로가 존재한다면 도심 속 세트장보다는 주민들이 애써 지키고 있는 숲의 내밀한 곳에서 태평하게 낮잠을 자고 있지 않을까. 그제서야 도시 개발의 열풍 속에서 흙과 나무, 햇살과 바람을 수호하는 일은, 아이들의 동심뿐 아니라 고단한 사회생활에 희미해져만 가는 어른의 순수함을 지키는 일임을 깨달을 수 있었다.

산책 tip

토토로의 숲 트레킹을 즐기고 쿠로스케의 집을 방문하려면, 세이부 사야마선 세이부큐죠마에역西武球場前駅이나 세이부 이케부쿠로선 고테사시역小手指駅에서 내려 도보와 버스, 택시를 이용하는 편이 좋다. 세이부엔 유원지와 카도카와 무사시노 뮤지엄도 대중교통으로 찾아갈 수 있으나, 각각 하루나 반나절 이상 여유를 두고 방문하는 편을 추천한다.

가 볼 만한 곳

**간논차야**觀音茶屋

‘야마구치칸논山口観音’ 또는 ‘곤죠인金乗院’이라고 불리는 불교 사원 앞에 위치한 숨은 우동 맛집. 수제 면의 재미있는 질감과 돼지고기를 넣은 진한 간장 육수가 긴 산책길에 지친 몸을 보듬어 준다. 일본식 떡꼬치를 구운 야키 당고焼きだんご도 판매한다.

**주소** 埼玉県所沢市上山口2203

**문의** 042-2922-7468

**도코로자와 사쿠라타운**ところざわサクラタウン

도코로자와시와 미디어 기업인 카도카와에서 일본 대중문화를 테마로 2020년에 선보인 엔터테인먼트 단지. 구마 겐고가 건축한 복합문화시설 카도카와 무사시노 뮤지엄角川武蔵野ミュージアム과 해가 지면 디지털 아트 공간으로 변하는 무사시노 수림 공원武蔵野樹林パーク, 애니메이션을 테마로 한 호텔과 수많은 카페와 레스토랑 등 즐길 거리가 풍성하다.

**주소** 埼玉県所沢市東所沢和田3-31-3

**문의** tokorozawa-sakuratown.com

**사야마호**狭山湖

인공 호수라고 믿기지 않을 만큼 광활한 새들의 쉼터. 사야마 구릉과 파란 하늘을 거울처럼 비추고 있으며, 주변에 조성된 공원에서는 주민들이 사이클과 조깅, 피크닉과 탐조 활동을 즐기고 있다. 토토로의 숲 1호지와 가까워 함께 둘러보기 좋다.

**주소** 埼玉県所沢市勝楽寺25-2

**문의** 042-554-2052

### 세이부엔 유원지 西武園ゆうえんち

일본인의 향수를 자극하는 1960년대를 재해석한 뉴트로 콘셉트로 2021년 리뉴얼 오픈한 놀이공원. 놀이기구는 대부분 어린이 눈높이에 맞춰져 있지만, 고질라를 테마로 한 어트랙션은 제법 스릴 넘치며, 여름에는 워터파크가 개장해 더욱 활기차다.

**주소** 埼玉県所沢市山口2964

**문의** www.seibu-leisure.co.jp/amusementpark

### 쿠로스케의 집クロスケの家

토토로와의 만남을 상상만으로 달래기 아쉽다면, 고풍스러운 2층짜리 목조 주택에 느긋하게 앉아 있는 토토로를 만나러 가보자. 와락 끌어안고 싶을 만큼 귀엽지만 눈으로만 봐야 하고, 사진은 SNS에 올릴 수 없다. 홈페이지를 통한 사전 견학 신청도 필수.

**주소** 埼玉県所沢市三ヶ島三丁目1169-1

**문의** www.totoro.or.jp/kurosuke

### 토토로의 숲 1호지トトロの森1号地

다른 차원으로 가는 비밀 통로가 있을 것만 같은 친근하면서도 신비로운 숲. 운이 좋다면 다른 방문객이 두고 간 토토로 조각이나 인형을 발견할지도 모르겠다. 1호지 주변의 다른 토토로의 숲과 자연스럽게 이어지니, 안전에 유의하며 체력이 허락하는 만큼 산책해 보자.

**주소** 埼玉県所沢市上山口雑魚入351

**문의** www.totoro.or.jp

## 시즈오카현 아타미熱海

## 소설 『금색야차』: 그 시절, 일본인의 신혼여행지

사랑하는 두 사람이 만나 서로에게 남은 생을 걸기로 약속하는 일은 세상에서 가장 흔한 기적이 아닐까. 연애가 잘 풀리지 않던 시절, 그 많은 부부가 도대체 어떻게 만나 결혼에 이르는지가 최대의 의문이었다. 그러나 당시의 고민이 무색할 정도로 나는 20대의 끝 무렵, 지인의 소개로 만난 남자와 1주일 만에 결혼을 약속했다. 내 집은커녕 모아둔 돈도 없었지만, 빨리 함께하는 편이 행복할 것이란 확신이 들었기 때문이다. 결혼식은 한국에서 치렀지만, 일정도 예산도 빠듯해 신혼여행은 과감히 생략했다. 이듬해 괌으로 함께 여름휴가를 다녀온 것이 허니문이라면 허니문이었는데, 지인들에게 그렇게 말하면 다들 실망하는 눈치였다. 심지어 괌에서 탄 한인 택시 기사는 우리 이야기에 황당하다는 듯 이렇게 되물었다.

"아니, 신혼여행을 괌으로 왔다고요?"

언제든지 올 수 있는 괌을 신혼여행지로 선택했다는 사실이 의아했을 것이다. 무릇 신혼여행지라고 하면 몰디브나 타히티, 혹은 유럽이나 남아메리카의 이국적인 나라처럼 평생 한 번 가볼까 말까 한 여행지를 선택하기 마련이니까. 그렇지만 우리나라 신혼부부의 스케일이 이토록 커진 것도 비교적 최근의 일이다. 나의 부모님 세대에는 제주도만 가도 주위의 부러움을 샀으니 말이다.

그 당시 상황은 일본도 비슷했기에, 쇼와 시대(1926~1989)에는 시즈오카현 아타미를 최고의 신혼여행지로 쳤다. 특히 도쿄에서 예식을 마친 뒤 곧장 아타미로 떠나는 경우가 많아 주말에 도쿄역에서 출발하는 아타미행 기차를 아예 '신혼 열차'라고 불렀다고 한다. 야자수가 늘어선 이국적인 해변과 사계절 내내 열리는 로맨틱한 불꽃 축제, 신선한 해산물 요리, 그리고 피로를 녹여줄 온천까지. 한때 '동양의 나폴리'라고 불렸을 만큼 이국적이고 풍족했던 해안 도시는 그 시절 신혼부부의 낭만을 채우기에 부족함이 없었을 것이다.

하지만 아타미가 커플의 마음을 사로잡을 수 있었던 결정적인 이유는 스토리텔링에 있다. 1897년부터 1902년까지 연재되며 열풍을 일으킨 오자키 고요尾崎紅葉의 로맨스 소설 『금색야차金色夜叉』의 배경이 아타미였다. 작품의 주인공은 가난하지만 순수한 청년 간이치와 화려한 미모를 가진 그의 연인 미야. 둘은 미래를 약속한 사이지만, 미야가 부잣집 도련님인 도미야마의 유혹에 넘어가 그만 약혼자를 배신하고 만다. 눈물로 용서를 구하는 미야를 간이치가 해변의 소나무 아래에서 걷어차 버리는 장면에서 둘의 감정은 클라이맥스에 달한다. 시간이 흐른 뒤 미야는 불행한 결혼생활 속에서 지난 결정을 후회하고, 모든 것을 버린 뒤 간이치에게 돌아가려 한다.

이 줄거리가 익숙하게 들리는 이유는 우리나라에서도 1913년 조중환 작가가 『장한몽』이라는 제목의 소설로 번안해 발표했기 때문이다. 『이수일과 심순애』라는 이름으로 더 잘 알려진 이 작품은 여러 차례 연극과 영화로 제작될 정도로 폭발적인 반응을 얻었다. 그런데 사실 『금색야차』의 원작도 1878년 영국에서 발표된 샬럿 메리 브레임의 소설 『여자보다 약한』이라고 하니, '돈이냐 사랑이냐'라는 딜레마를 다룬 비슷한 사랑 이야기가 원작자도 모르는 사이에 동서양을 사로잡은 셈이다.

정신이 아득해질 정도로 뜨거운 여름날, 남편과 함께 아타미를 방문했다. '허니문의 메카'라고 불리던 아타미의 전성기를 더듬어 가는 여정이었다. 그 시작은 간이치와 미야가 서로에게 작별을 고한 해변, 선비치. 무더운 날씨 덕분에 선비치는 피서객으로 활기가 넘쳤다. 텐트와 파라솔이 해변을 알록달록 물들이고, 젊은 청춘은 백사장 밖에서도 수영복을 입고 활보하며 계절의 특권을 톡톡히 누리고 있었다. 『금색야차』를 기념하는 공간인 오미야 녹지는 이 해수욕장 도로 사이에 조성되어 있었다.

바다 내음과 꽃향기가 뒤섞인 녹지의 중간쯤, 간이치와 미야의 이별 장면을 재현한 오래된 동상을 만났다. 그 옆에는 소설에 나온 것과 비슷한 소나무 한 그루가 우뚝 서 있었다. 배신한 약혼녀를 나막신 신은 발로 걷어차는 간이치와 귀부인 차림으로 주저앉아 그를 바라보는 미야. 자신이 연모하는 남자를 향해 뻗은 손에는 모순적이게도 도미야마가 선물한 반지가 끼워져 있다. 독자에게 통쾌함을 선사하는 것이 작가의 의도였겠지만, 간이치가 변심한 약혼자를 응징하는 장면에서 나는 문득 이런 의구심이 들었다. '미야의 결혼 결심에 도미야마의 재산이 결정적이었던 것처럼, 애초에 간이치도 미야의 빼어난 외모라는 조건에 매료된 것이 아닌가'라는…. 

남편을 만나기 전, 나는 결혼한 지인을 만날 때마다 대체 어떻게 한 사람과 평생 함께하기로 결심했는지 물어보곤 했다. '결혼 적령기에 옆에 좋은 사람이 있었다'라는 현실적인 대답도, '만나자마자 이 사람이구나 싶었다'라는 운명론 같은 대답도 있었다. 그러나 지금도 잊을 수 없는 답변은 하나다.

"그 사람이 지금은 좋은 직장도 다니고, 몸도 건강하지만, 나중에 그런 조건이 전부 사라져도 곁을 지키고 싶을 것이란 확신이 들었어."

도미야마처럼 부유하지도, 미야처럼 외모가 수려하지도 않은 남편과 내가 결혼할 수 있었던 이유도, 언제든지 바뀔 수 있는 조건보다는 서로의 존재 자체를 애틋해하는 마음이 컸다고 믿는다.

무릇 커플을 위한 여행지라면, 이런 마음의 증표를 남겨둘 공간이 하나쯤 필요한 법. 변치 않는 사랑을 자물쇠에 투영해 걸어 두는 N서울타워 전망대처럼, 아타미에는 나무패에 소원을 적어서 달 수 있는 '애정곶'이라는 장소가 있다. 산자락에 자리 잡고 있어 로프웨이를 타고 올라갔다. 1958년에 첫 운행을 시작한 아타미 로프웨이는 총 273m 길이로 일본에서 가장 짧고, 탑승장 시설은 오래된 유원지처럼 허름하다. 그러나 로프웨이에 몸을 실으면, 순식간에 펼쳐지는 해안가의 수려한 풍경이 기분 좋은 반전을 선물한다.

전망대에 도착하자 푸른 하늘이 시야를 가득 채웠다. 아래를 내려다보니, 완만한 산맥에 안긴 아타미 시내 전경이 파노라마처럼 눈에 들어왔다. 경사를 따라 빼곡히 지어진 호텔과 리조트가 마치 해바라기가 해를 향하듯 바다를 바라보고, 새하얀 요트가 정박한 해변은 에메랄드 빛깔을 뽐냈다. 이토록 눈부신 경치를 배경으로, 연인들의 바람이 담긴 소원패가 한쪽 난간을 장식하고 있었다. 사랑하는 사람과 언제까지나 함께하겠다는 다짐과 결혼식을 앞둔 예비부부의 설렘, 그리고 누군가를 행복하게 해주리라는 당찬 포부가 마음을 간지럽혔다. 얼굴도 모르는 타인의 사적인 바람을 엿보는 사이 덩달아 마음이 설레었다. 감상에 젖은 나는 남편에게 '우리도 써볼까'라고 물어봤지만, 그는 쑥스러워서였는지 아니면 귀찮아서였는지 단칼에 거절해 버렸다.

애정곶의 볼거리는 여기서 끝나지 않는다. 전망대 주변에는 착시 현상을 이용해 신기한 사진을 찍을 수 있는 트릭아트 미궁관과 역사에는 존재하지 않지만 박물관이자 전망대로 지어진 아타미성 등 수많은 관광 시설이 쇼와 시대 때부터 자리를 지키고 있었다. 그중에서도 '어른들의 놀이터'라고 불리는 아타미비보관은 신혼부부나 연인에게 짓궂은 재미를 제공한다. 여기서 '비보'의 뜻은 '다른 사람에게 보여주지 않는 소중한 보물'. 성이라는 은밀한 주제를 과감하게 다루는 박물관인 비보관은 1970년대 처음 출현했다. 한때는 전국 20여 군데 규모를 자랑했지만, 지금 남아있는 곳은 아타미비보관이 유일하다고 한다.

'일본의 마지막 비보관'이라는 타이틀에 호기심을 느낀 나는 썩 내켜하지 않는 남편을 이끌고 박물관에 입장했다. 음침한 분위기 속에서 제법 수위 높은 그림과 모형이 차례차례 등장했다. 관람객이 참여해야 반응하는 전시물도 많은데, 대부분 저마다의 주제와 다소 저급한 웃음 포인트를 갖고 있었다. 예를 들면, 『금색야차』의 이별 장면을 재현한 코너에서는 관객이 버튼을 누르면, 간이치를 본뜬 밀랍 인형이 헐벗은 몸을 가리고 있던 망토를 열어젖힌다. 여기에 '미야가 그를 떠난 이유가 다른 데에 있을지 모른다'라는 설명이 더해지는 식이다.

특정 신체 부위를 지나치게 과장한 탓에 껄끄럽기는 해도, 전시물의 품질이 조악해서인지 야하기보다는 우스꽝스럽게 느껴졌다. 대부분의 관람객도 오락실에 온 듯 유쾌하게 전시를 관람하고 있었다. 처음에는 한시라도 빨리 나가고 싶어 했던 남편도 어느새 체념한 눈치였다. 지나치게 선정적이어서 불쾌하게 느껴지는 전시도 없지는 않았지만, 부부라면 그런 감상도 솔직하게 이야기할 수 있는 편이 반대의 경우보다는 낫다. 주 방문객이 신혼부부였던 아타미에 비보관이 생긴 이유도 여기에 있지 않을까. 비보관 입장을 격렬히 반대하며 밖에서 기다리겠다는 남편도, 관람을 마치자 그래도 나를 혼자 들여보내는 것보다는 나았겠다며 실소를 터뜨렸다. 그러고는 전망대에서 한참 동안 푸른 바다를 바라보며 눈을 정화했다.

생각해 보면, 결혼식을 통해 부부가 됐음을 공표한 직후, 처음 함께하는 일이 다름 아닌 여행이라는 사실은 의미가 깊다. 낯선 공간을 탐험하며 돌발 상황이나 갈등을 극복하다 보면, 평소에 알기 어려운 본래의 모습이 드러나기 마련이니까. 남편과 나 역시 여행을 할 때마다 서로의 다른 취향을 발견하고 조율하는 방법을 터득하곤 한다. 그런 사소한 경험이 서서히 쌓이다 보면, 언젠가 큰 어려움도 가뿐히 대처할 수 있는 수준에 이르지 않을까. 어쩌면 신혼여행의 진정한 목적은 단순히 휴식과 호사가 아닌, 삶의 파트너와 세상을 살아내는 최초의 연습인지도 모르겠다.

### 산책 tip

JR 도카이도 신칸센과 도카이도 본선, 이토선, 우에노 도쿄선 등이 지나는 아타미역熱海駅에서 출발. 역 주변 상점가와 해변, 로프웨이 승강장까지 모두 도보로 이동했지만, 힘들다면 노선버스를 이용하면 된다. 아타미의 주요 명소에 정차하는 탕~유~버스湯~遊~バス도 유용하다. 해상 불꽃놀이도 유명하니, 미리 스케줄을 확인할 것을 추천.

### 가 볼 만한 곳

**나카미세도리 상점가**仲見世商店街**와 헤이와도리 상점가**平和通り商店街

아타미 여행의 시작과 마무리를 책임지는 두 개의 상점가. 아타미역에서 나오자마자 보인다. 온천 증기로 쪄내는 온센만주温泉まんじゅう와 어묵, 푸딩 등 길거리 음식과 특산품 쇼핑을 즐길 수 있다. 음식점과 카페가 모여 있어 허기를 채워야 할 때도 편리하다.

**주소** 静岡県熱海市田原本町

### 기운각起雲閣

1919년 사업가의 별장으로 지어졌으나, 1947년 고급 료칸으로 탈바꿈했다. 소설 『금각사』를 쓴 미시마 유키오가 신혼여행으로 머물렀으며, 지금은 아타미시에서 관광 시설로 운영 중이다. 상반된 매력을 가진 동서양의 인테리어를 감상하고 정원도 거닐어 보자.

**주소** 静岡県熱海市昭和町4-2

**문의** 0557-86-3101

### 아카오 허브 & 로즈 가든アカオハーブ&ローズガーデン

꽃과 바다를 함께 감상할 수 있는 언덕 위 정원. 셔틀버스를 타고 꼭대기까지 올라간 뒤 천천히 내려오면서 꽃놀이를 즐길 수 있다. 세계에서 가장 큰 분재와 세계적인 건축가 구마 겐고가 디자인한 카페 고에다하우스コエ

ダハウス 등 풍성한 볼거리를 자랑한다.

**주소** 静岡県熱海市上多賀1027-8

**문의** acao.jp/forest

**아타미 로프웨이**アタミロープウェイ

정상인 하치만야마八幡山까지 3분 남짓 소요되는 짧고 오래된 로프웨이지만, 곤돌라 안에서 보이는 아타미 시내와 선비치의 전경은 결코 소소하지 않다. 아타미 성과 애정곶 전망대, 트릭 아트 뮤지엄에 갈 때도 편리하다.

**주소** 静岡県熱海市和田浜南町8-15

**문의** www.atami-ropeway.jp

**아타미비보관**熱海秘宝館

만 18세 미만은 출입 금지. 요염한 자태의 인어상이 반기는 입구를 거쳐 어두컴컴한 전시장에 들어서면, 옛 일본인의 성문화를 들여다볼 수 있는 자료와 수위 높은 전시물이 즐비하다.

**주소** 静岡県熱海市和田浜南町8-15

**문의** www.atami-ropeway.jp/atami-hihoukan

**아타미 매화원**熱海梅園

1866년에 개원한 매화원. 총 59종에 달하는 매화나무 472그루가 12월부터 개화해 고운 자태를 드러낸다. 2000년 한일 수뇌 회담을 기념해 조성한 한국 정원도 우리나라 방문객에게 반가운 존재다.

**주소** 静岡県熱海市梅園町8-11

**문의** 0557-86-6218

**아타미 선비치**熱海サンビーチ

낮에는 리조트와 야자수를 배경으로 해수욕을 즐기고, 밤에는 낭만적인 라이트업을 감상하며 걷고 싶은 해변. 간이치와 미야의 동상을 만날 수 있는 오미야녹지お宮緑地와 해안 공원인 신스이 공원 문 테라스親水公園・ムーンテラス와 이어져 있다.

**주소** 静岡県熱海市東海岸町

**문의** 0557-86-6218

**이로리차야**囲炉茶屋

아타미의 명물 요리인 해산물 덮밥과 금눈돔을 맛볼 수 있는 가게. 전통적이면서도 푸근한 인테리어와 정갈한 맛으로 관광객과 현지인 모두에게 인기다. 고급스러운 코스 요리가 전문이지만, 점심에는 합리적인 가격에 정식과 단품 메뉴를 맛볼 수 있다.

**주소** 静岡県熱海市田原本町2-6

**문의** www.irorichaya.com

**MOA 미술관**MOA美術館

전시 작품뿐 아니라 공간을 향유하기 위해서라도 방문할 가치가 있는 미술관. 끝없는 에스컬레이터 터널을 오르면 몽환적인 음악과 영상이 펼쳐지는 원형홀이 반기고, 아타미의 탁 트인 바다 전망과 일본식 정원, 카페와 레스토랑도 즐길 수 있다.

**주소** 静岡県熱海市桃山町26-2

**문의** www.moaart.or.jp

### 하쓰시마初島

아타미항에서 배를 타고 25분이면 도착하는 작은 휴양 섬. 온천, 캠핑, 낚시, 비비큐, 놀이 시설 등 수많은 즐길 거리를 자랑하지만, 정원 해먹에 누워 무위의 즐거움을 만끽하는 것만으로도 만족스럽다. 여름에는 스노클링과 다이빙 체험도 가능하다.

**주소** 静岡県熱海市和田浜南町6-11

**문의** www.hatsushima.jp

# 세 번째 산책:

# 키워드, 낯선 사회를 들여다보는 창

## 가나가와현 요코하마横浜

# 이이토코토리: 동서양의 문화, 좋으면 취한다

지금은 일본에 정착해 안정적으로 지내고 있지만, 20대까지만 해도 내게는 2, 3년에 한 번씩 사는 나라가 바뀌는 일이 일상이었다. 초등학교는 우리나라에서, 중학교는 우즈베키스탄에서, 고등학교는 독일에서, 그리고 대학교는 홍콩에서 나왔으니 말 다 했다. 새로 알게 된 사람에게는 굳이 특이한 성장 환경을 티 내지 않으려 하지만, 관계가 진전되다 보면 언젠가 들통나기 마련. 그리고 그 순간이 오면, 어김없이 이런 질문이 나온다.

"어느 나라가 제일 살기 좋았어요?"

늘 예상하는 질문이지만, 매번 대답을 망설이다 어물쩍 넘어가 버리고 만다. 어느 나라든 각각 다른 이유로 좋고 그립기 때문이다. 가족과 친구가 있는 우리나라는 말할 것도 없고, 이국적인 중동 건축물이 인상적이었던 우즈베키스탄, 동화 같은 마을 분위기를 자랑하던 독일, 그리고 화려한 야경과 소박한 미식이 공존하는 홍콩까지. 할 수만 있다면, 나라마다 좋았던 점만 쏙쏙 빼서 지금 사는 곳에 가져오고 싶을 따름이다.

이런 내 심정은 일본 문화를 대표하는 키워드 중 하나인 이이토코토리 良いとこ取り와 일맥상통한다. '좋은 것은 기꺼이 취한다'라는 뜻으로, 남의 것이라도 유익해 보이면 적극 수용하는, 모방과 편집에 능한 일본인의 성향을 함축하는 말이다.

역사적으로도 일본인은 낯선 문화를 자신의 것으로 만드는 데 일가견이 있었다. 일찍이 16세기부터 포르투갈과 스페인, 네덜란드를 통해 서양 문물을 받아들였고, 메이지 유신(1868)과 함께 서구화를 선포한 지 50년 만에 근대화를 이루어 냈다. 타국의 랜드마크를 가져오는 데에도 스스럼이 없다. 일본 수도를 상징하는 도쿄 타워는 파리 에펠탑을 복사하다시피 했고, 도쿄만에 있는 인공섬 오다이바의 상징은 다름 아닌 자유의 여신상이다.

도시로 보면, 가나가와현의 항구 도시인 요코하마야말로 이이토코토리의 대명사라 할 수 있다. 요코하마는 1859년, 미국에서 온 페리 제독에 의해 닫혀 있던 빗장을 푼다. 비록 무력에 의한 불평등한 개항이었지만, 이는 요코하마가 서양 문화를 흡수해 눈부시게 발전하는 계기가 된다.

새로운 문명과 기술을 발 빠르게 체득한 요코하마인은 당시 일본에서 흔치 않았던 서양식 호텔과 베이커리, 이발소를 열었고 아이스크림과 칵테일을 만들었으며, 경마와 야구 시합을 즐겼다. 자연스레 외국인은 물론 선진 문물을 배우려는 일본인까지 요코하마로 몰려들었다. 그 후 요코하마는 무역항뿐 아니라 공업과 관광 도시의 기능까지 갖추며 발전을 거듭한다. 개항 전 겨우 100여 세대가 모여 살던 촌락이 오늘날 인구 370만 명을 보유한 국제도시로 변신하리라고 누가 상상이나 했을까.

지금도 요코하마 곳곳에는 150여 년 전 뿌리를 내린 세계 각국의 문화가 살아 숨 쉰다. 덕분에 여행객도 마치 셀렉트 숍에 온 기분으로 원하는 것을 취하는 이이토코토리 여행이 가능하다. 그중 동서양의 상반된 문화를 한꺼번에 느낄 수 있는 가장 대표적인 장소를 꼽으라면, 단연 모토마치주카가이역주변이다.

열도 밖으로 나갈 수 없었던 팬데믹 시대, 무작정 전철을 타고 요코하마로 향했던 날을 기억한다. 모토마치주카가이역은 서양인 마을인 야마테 지구로 향하는 두 개의 공원과 연결되어 있는데, 공원 이름부터 심상치 않다. 프랑스야마공원フランス山公園과 아메리카야마공원アメリカ山公園. 일본어로 산을 뜻하는 '야마山'가 들어있으니, 어느 쪽이든 오르막길일 터. 나는 조금 더 향수가 강한 유럽을 택했다. 민트색으로 칠한 옛 프랑스 영사관의 앙상한 뼈대 뒤로 가파른 계단이 뻗어 있었다. 계단이라면 질색이지만, 숲에 둘러싸인 길이 싱그러워 보여 힘차게 걸음을 내디뎠다. 나뭇잎 사이로 떨어지는 햇살을 받으며 한 칸씩 오르다 보니 오른편으로 푸른 바다가 힐끗 보이기도 하고, 중간중간에 쉬었다 갈 수 있는 벤치가 나와 위안이 됐다. 나중에 알게 된 사실이지만, 아메리카야마공원을 통하면 엘리베이터를 타고 편하게 언덕을 오를 수 있다고 한다.

프랑스산을 다 오르자, 야마테 지구의 한가로운 주택가를 한눈에 들

OPEN

어왔다. 앤티크한 아파트와 클래식한 건축미를 뽐내는 교회, 여러 국적의 학생들이 함께 공부하고 있을 국제학교, 그리고 큼지막한 영어 간판을 내건 병원이 여유롭게 배치되어 있었다. 지금은 세월에 마모되어 기억이 흐릿하지만, 고등학생 시절을 보낸 독일 소도시의 마을 풍경과 겹쳐지기도 했다. 나무가 울창한 보도에는 동네 주민인 듯한 금발의 모녀가 손을 꼭 잡은 채 걸어가고, 생김새도 헤어스타일도 제각각인 학생들이 영어로 쾌활하게 수다를 떨며 하교하고 있었다. 마치 일본 속 작은 외국에 떨어진 기분이었다. 산책길에 나처럼 카메라를 들고 두리번거리는 일본인을 여럿 보았는데, 하나같이 외국에 온 듯 조심스러운 표정이었다.

야마테 지구의 서양식 건축물을 구경하다 예기치 못한 장소와 맞닥뜨렸다. 외국인 묘지였다. 고향으로 돌아가지 못한 40여 개국 출신의 이방인 약 5,000명이 잠들어 있다고 한다. 19세기에 페리 제독과 함께 온 선원에서부터 일본 근대화에 공헌한 기술자, 그리고 선교사 등 사연도 제각각이다. 바다가 보이는 명소에 공원처럼 꾸며져 있지만, 살펴볼수록 마음이 저릿해 오는 것은 어쩔 도리가 없었다. 아무리 해외에서 오래 살았다 하더라도, 이국땅에서 맞이하는 죽음을 어느 누가 쉽게 받아들일 수 있을까.

복잡해진 마음으로 서양인 마을을 내려와 큰길을 하나 건넜다. 그러자 주변 풍경이 또 한 번 극적으로 바뀌었다. 금빛 조각과 용 문양을 두른 거대한 중국식 패루, 붉은색과 한자로 채워진 현란한 간판, 그리고 잊고 있던 허기도 느끼게 하는 맛깔스러운 길거리 음식까지. 영락없는 중국의 번화가 한 복판이 떠오르는 이곳은 일본에서 가장 크다고 알려진 차이나타운, 주카가이였다.

상점 수가 600개가 넘는 큰 규모의 차이나타운이 서양인 거주지 인근에 조성된 이유는 무엇일까. 답은 언어에 있다. 개항 후 미국과 유럽에서 몰려온 상인은 일본인과 의사소통이 불가능했기에 광둥 지역과 홍콩, 상하이에서 무역에 종사하던 중국인을 동반하는 경우가 많았다. 영어에 능통한 이들이 같은 한자 문화권에 속하는 일본인과 필담을 나누며 중개자로 활약했기 때문이다. 말 한마디 통하지 않아도 거래가 성사됐다고 하니, 한자의 위력이 실감 나는 대목이다. 그러다 요코하마와 중국을 오가는 항로가 열리자 중국인도 본격적으로 무역에 뛰어들었고, 화교 거주지도 점차 번성해 갔다. 그 후 지진과 전쟁 등 여러 차례 위기도 닥쳤지만, 주민들의 노력으로 지금의 모습을 갖추게 된 것이다.

일본 속 작은 중국을 누비는 일본인의 표정은 야마테 지구에서 본 것보다 훨씬 가뿐했다. 평소에는 길을 걸으며 음식을 먹거나 떠들지 않는 그들도 주카가이의 시끌벅적한 분위기에 휩쓸려 자유로움을 만끽하는 눈치였다. 손에 들린 음식도 천차만별이었다. 플라스틱 용기에 담아주는 촉촉한 딤섬에서부터 고소한 오리고기와 채소를 한입 크기로 만 베이징 덕, 귀여운 팬더 얼굴이 그려진 찐빵, 그리고 알록달록한 과일에 시럽을 입힌 탕후루까지. 20대 초반을 홍콩에서 보낸 탓인지, 머리 위로 어지럽게 튀어나온 간판과 간간이 들리는 광둥어, 그리고 야시장이 떠오르는 구수한 음식 냄새에 반가움이 밀려왔다.

주카가이에서 나는 한 번도 지도 앱을 켜지 않았다. 동서남북으로 어느 방향으로 가든지 중국요리는 기본이고, 중국차와 식자재, 전통 의상 등을 파는 기념품 가게에서부터 손금이나 관상을 보는 점집, 삼국지의 관우와 바다의 여신을 섬기는 종교적인 건축물 등 어디선가 볼거리가 끊임없이 나타났다. 미로처럼 얽힌 크고 작은 골목을 배회하다 보면 마음을 두드리는 무언가를 발견하기 마련이다. 이를테면, 이름 한자를 꽃과 나무로 표현해 주는 장인의 그림이나 한 판에 수십 개를 구워내는 육즙 가득한 소룡포, 홍콩에서 아침 식사로 즐겨 먹었던 현지식 죽 '콘지'처럼. 그렇게 걷고 멈춰 서기를 반복하며 한 바탕 탐험을 마치고 나니, 잠시 다른 세계에 다녀온 듯한 만족스러운 해방감이 들었다.

길든 짧은, 한 번의 여행이 끝난 뒤에는 어김없이 그리움이 찾아 든다. 여행은 떠나지 않았다면 영원히 모르고 살았을 풍경과 경험을 가슴 속에 품고 돌아와 줄곧 애틋해하는 일. 그리운 타국이 많은 나는 먼 옛날 요코하마에 제2의 고향을 개척한 이방인과 그들이 가져온 문화를 기꺼이 포용한 현지인에게 고마움을 느낀다. 한 도시에 살면서 여러 나라 문화를 체험할 수 있다는 매력이 계속해서 나를 요코하마로 이끄는 것인지도 모르겠다.

### 산책 tip

대부분의 관광 시설은 미나토미라이선 모토마치·주카가이역元町・中華街駅과 미나토미라이역みなとみらい駅, 또는 JR과 요코하마 시영지하철 블루라인이 다니는 사쿠라기초역桜木町駅 주변에 밀집되어 있다. 항구 도시의 수려한 야경을 감상하려면 낮에 다른 지역을 산책한 뒤, 미나토미라이21 주변에서 하루를 마무리해 보자.

### 가 볼 만한 곳

**미나토미라이21**みなとみらい21

쇼핑과 다이닝, 이벤트로 가득한 요코하마의 대표적인 관광 지구. 일본 최초 도시형 로프웨이인 요코하마 에어 캐빈ヨコハマエアキャビン과 69층 전망대를 보유한 요코하마 랜드마크 타워横浜ランドマークタワー, 붉은 벽돌로 지어진 복합상업시설 요코하마 아카렌가 창고横浜赤レンガ倉庫 등 즐길 거리가 무궁무진하다.

**주소** 神奈川県横浜市西区みなとみらい

**문의** minatomirai21.com

**야마시타 공원**山下公園

1930년 일본 최초로 바다를 매립해 만든 임해 공원으로 주카가이와 미나토미라이21 사이에 자리한다. 요코하마항을 따라 약 700m를 걸으며 바다의 전망과 꽃향기를 만끽해 보자. 날씨가 좋은 날에는 잔디밭과 벤치에서 피크닉을 즐기는 사람도 많다.

**주소** 神奈川県横浜市中区山下町279

**문의** 045-671-3648

**주카가이**中華街

동아시아에서 손꼽히는 규모를 자랑하는 요코하마의 차이나타운. 상점과 레스토랑, 카페뿐 아니라 삼국지의 관우를 모시는 간테이뵤関帝廟와 바다의 신을 섬기는 마조묘媽祖廟 등 종교적인 건축물도 찾아볼 수 있다.

**주소** 神奈川県横浜市中区山下町

**문의** www.chinatown.or.jp

**요코하마 야마테 서양관**横浜山手西洋館

야마테 지구에는 1900년대 초에 지어진 서양관이 남아 있다. 대부분 요코하마시에서 문화재 보존을 위해 매입하거나 이축한 것으로, 무료로 관람할 수 있다. 야마테 111번관山手111番館과 외교관의 집外交官の家은 휴식을 취할 수 있는 카페도 갖추고 있다.

**주소** 神奈川県横浜市中区山手町

**문의** www.hama-midorinokyokai.or.jp/yamate-seiyoukan

**오산바시 국제여객선 터미널**大さん橋国際客船ターミナル

선상에서 식사와 라이브 연주, 항구 도시의 풍경을 만끽하는 크루즈가 출발하는 터미널. 배에 타지 않더라도 터미널의 우드 덱이나 잔디밭에서도 미나토미라이21의 스카이라인을 감상할 수 있다. 주말에는 웨딩 촬영을 하는 커플도 종종 눈에 띈다.

**주소** 神奈川県横浜市中区海岸通1-1-4

**문의** osanbashi.jp

**산케이엔**三渓園

요코하마에서 일본의 전통을 느끼고 싶다면, 산케이엔. 예술에 조예가 깊었던 사업가 하라 산케이原富太郎가 정성스레 가꾼 공간으로, 1906년부터 대중에게 공개됐다. 연못 주변을 거닐며 오랜 역사를 가진 건축물과 계절마다 옷을 갈아입는 꽃을 감상해 보자.

**주소** 横浜市中区本牧三之谷58-1

**문의** www.sankeien.or.jp

NIVERSAIRE

15 58

## 군마현 구사쓰草津

# 온천: 온기가 필요한 순간

도쿄 소재의 대학원에 합격한 뒤, 나는 인터넷 사진만 보고 현지 원룸을 덜컥 계약했다. 학교와 가깝고 예산이 맞으며, 외국인을 받아주는 물건이 애초에 많지 않았다. 입국 후 걱정스러운 마음으로 자취방에 들어갔는데, 사진과 크게 다르지 않아 안심했던 기억이 생생하다. 화장실을 보고 나서는 어린 시절의 꿈 하나가 이루어졌음을 깨달았다. 바로 욕조 있는 집에 사는 것. 어렸을 때 친척 집에서 처음 반신욕을 하고 나서 품게 된 로망이었는데, 부모님은 샤워 공간을 넓게 쓰기 위해 있던 욕조도 없애는 분이셨고, 독립 후 서울에서 구한 빌라와 오피스텔에서도 샤워실밖에 없었다. 그런데 내 나이보다도 오래된 자그마한 대학가 원룸에 욕조가 있을 줄이야.

비록 플라스틱 재질에다 몸을 구겨 넣어야 할 만큼 비좁은 크기였지만, 태어나 처음 가져본 욕조는 그 후로 내가 가장 애정하는 공간으로 자리매김했다. 외로움이 숨처럼 차오르는 날, 따뜻한 물속에 웅크리고 앉아 한국에 있는 친구에게 SNS로 안부를 묻곤 했다. 공부가 손에 잡히지 않는 무료한 날에는 욕조에 들어가 몇 시간이고 책을 읽거나 영화를 보았다. 수업 시간에 발표를 망쳤거나 아르바이트에서 실수한 날에는 집에 돌아와 욕조 물에 얼굴을 파묻고 울기도 했다. 식어버린 물과 함께 땀과 눈물을 흘려보내고 나면 다시 태어난 기분이 들었다. 한 번은 반신욕을 하며 휴대폰을 보다 물에 빠뜨리는 바람에 고장 내기도 했지만, 욕조 사랑을 막기에는 역부족이었다. 결혼 후 넓은 집으로 이사하니 덩달아 욕조도 커졌지만, 이상하게 예전만큼 자주 찾지는 않는다.

허름한 원룸에조차 욕조가 있었던 것은 일본 특유의 목욕 문화 덕분이 아닐까. 지금도 많은 일본인이 매일 같이 욕조에 몸을 담근다. 일본어로 '탕에 들어간다お風呂に入る'라고 표현하는 이 행위는 몸을 씻는 목적도 있지만, 그보다 하루를 마무리하며 피로를 푸는 의식에 가깝다. 탕에서 나와 본격적으로 때를 벗겨내는 우리나라와 달리, 일본 사람은 몸을 꼼꼼히 씻은 다음 욕조에 들어간다. 한 번 받은 물을 버리지 않고 온 식구들이 돌아가며 사용할 수 있는 이유도 여기에 있다.

집에서 하는 목욕이 일상의 작은 기쁨이라면, 밖에서 즐기는 목욕은 색다른 추억이다. 일본 온천법상 온천이라고 불리려면 섭씨 25도가 넘거나 탄화수소나 리튬 이온 등 지정된 온천 성분 중 하나를 기준치 이상 함유해야 한다. 불행인지 다행인지는 알 수 없지만, 전 세계 활화산의 7%가 밀집된 일본에는 이 기준을 통과하는 원천이 2만 7천 군데가 넘고, 그 중 숙박 시설까지 갖춘 곳이 약 3천 군데에 이른다. 게다가 용출되는 지

クレープ
安斉商店
YOSHINOYA Inn
P

역에 따라 성분과 효능이 제각각이라, 직접 몸을 담그며 비교하는 재미도 있을 것 같다.

일본 3대 온천 하면 흔히 기후현의 게로 온천과 효고현의 아리마 온천, 그리고 군마현의 구사쓰 온천을 꼽는다. 모두 가보고 싶은 마음은 굴뚝 같지만, 수도권에서 제법 거리가 있어 몇 년간 일본에 살면서도 쉽게 엄두를 내지 못했다. 그러던 10월 중순, 남편과 나는 그나마 도쿄에서 접근성이 좋은 구사쓰 온천에서 하룻밤을 묵어보기로 했다. 어느덧 다섯 해째를 맞은 결혼기념일을 자축하며.

도쿄역에서 출발한 버스는 4시간 넘게 북쪽으로 달렸다. 시간이 흐를수록 삐죽삐죽 솟은 건물이 시야에서 사라지고, 높은 산봉우리들이 그 자리를 채웠다. 구사쓰 온천은 화산 활동이 활발한 산에 둘러싸인 해발 약 1,200m의 산간 마을이다. 버스는 산길을 한참 오르다 구사쓰 온천 버스 터미널에 도착했다. 여름과 가을이 줄다리기하던 도쿄와 달리 구사쓰에는 벌써 단풍이 울긋불긋했다. 고원 지대의 서늘한 공기와 대비되는 포근한 가을 빛깔을 감상하며 기분 좋게 첫 발걸음을 뗐다.

구사쓰 온천 여행은 유바타케에서 시작하고 끝난다 해도 과언이 아니다. '온천 밭'이라는 의미를 가진 유바타케는 분당 약 4,000리터의 온천수가 솟아나는 원천으로, 유황 성분이 높아 특유의 고약한 냄새가 특징이다.

"윽…. 썩은 달걀 냄새!"

남편이 절묘한 묘사와 함께 고개를 내저었다. 그의 말처럼 코를 찌르는 유황 냄새가 유바타케와 가까워지고 있음을 알려주고 있었다. 이내 수증기가 몽글몽글 솟아오르는 곳을 발견했다. 바짝 다가가 돌울타리에 기대어 내려다보니 얕은 샘이 눈에 들어왔다. 침전된 온천 성분 탓에 바닥은 함박눈이라도 쌓인 듯 새하얗게 빛나고 있었다. 이곳에서 솟아오른 온천수는 일곱 개의 긴 나무 수로를 통해 어디론가 흘러가고 있었다. 최고 온도가 섭씨 95도에 이른다는 물을 식하고 '유노하나湯の華'라고 불리는 유익한 온천 침전물을 채취하기 위한 과정이었다. 온천수가 흐르는 방향을 따라 걸어 내려가 보았다. 그 끝에는 온천수가 시원한 소리를 내며 수로와 바위 위로 폭포처럼 쏟아져 내리고 있었다. 이 과정을 통해 알맞은 온도로 맞춘 물은 주변 숙소로 보내고, 나무통에 쌓인 유노하나는 두 달에 한 번 채취해 기념품으로 판매한다고 한다. 밭에서 난 쌀이 부엌

으로 흘러 들어가 사람들의 주린 배를 채우듯, 유바타케는 여행자의 몸을 쉬게 할 온천수를 끊임없이 만들어 나눠 주는 것이었다.

유바타케를 한 바퀴 돌아본 뒤에는 근처에 자리한 공연장인 네쓰노유에 입장했다. 이곳에서는 온천수를 식히는 또 다른 방법인 '유모미湯もみ'를 관람할 수 있다. 사람 키만 한 평평한 나무판을 물에 넣고 굴리듯이 휘젓는 것인데, 꽤 수고스러워 보였다. 차라리 찬물을 넣고 말겠다는 생각이 들었지만, 온천의 좋은 성분을 희석하지 않기 위해 고안한 오래된 전통이라고 했다. 네쓰노유에서는 이 유모미에 구사쓰 민요와 춤까지 곁들여 관람객에게 볼거리를 제공하고 있었다.

구사쓰 좋은 곳 한 번은 오세요

草津良いところ一度はおいで

다양한 연령대의 공연자들이 간드러진 목소리로 구사쓰의 아름다움을 소개하는 민요를 부르기 시작했다. 리듬에 맞춰 나무판도 바쁘게 움직였다. 춤은 현란함과는 거리가 멀었지만, 능숙하고 여유로운 몸짓에서 눈을 떼기가 어려웠다. 공연의 막바지에는 나무판으로 온천수를 세차게 퍼 올리는 동작이 나왔는데, 그 박력 넘치는 광경에 놀란 한 아이가 그만 울음을 터뜨렸다. 그 소리에 주변 관객뿐 아니라 공연자의 얼굴에도 웃음꽃이 피었다.

유바타케에 이어 유모미까지 구경하고 나니, 구사쓰 온천물이 더욱 각

별하게 느껴졌다. 서둘러 숙소로 돌아가 가시키리貸し切り 온천을 예약했다. 가족이나 커플끼리 단란하게 목욕을 즐길 수 있는 시설로, 숙소에 따라 무료로 혹은 소정의 이용료를 지불하고 일정 시간 빌릴 수 있다. 프런트에서 열쇠를 받아 문을 여니, 유바타케에서 왔을 온천수가 졸졸 소리를 내며 편백 탕으로 떨어지고 있었다. 샤워를 마치고 조심스럽게 탕에 들어갔다. 몸 구석구석 기분 좋은 온기가 전해졌다. 편백의 상쾌한 향과 어느새 익숙해진 은은한 유황 냄새도 한껏 들이마셨다. 잘 달군 프라

이팬에 떨어뜨린 버터처럼, 몸과 마음의 긴장이 일시에 풀리며 노곤함이 찾아왔다.

구사쓰 온천물은 pH 2.1에 달하는 강산성이라 대못을 넣으면 열흘 만에 형체가 사라진다고 한다. 게다가 온도까지 높으니 살균력이 탁월해 옛 무사들에게는 치료 약이나 다름없었다. 일본에서 처음으로 무사 시대를 연 미나모토노 요리토모源頼朝도 사냥을 가던 중 구사쓰에서 온천을 즐겼다고 하고, 일본을 통일한 세 무장 중 한 명인 도쿠가와 이에야스徳川家康는 아예 구사쓰의 온천수를 에도까지 가져다 쓸 정도로 높게 평가했다고 한다. 남편과 나는 사이 좋게 편백 탕에 들어가 그 귀한 물을 마음껏 쓰는 호사를 누렸다. 정해진 시간에 맞춰 몸을 일으키니, 발갛게 익은 피부가 크림이라도 바른 듯 부들거렸다.

그러고 보면, 유학생의 신분으로 혼자 타지 생활에 적응해 나가던 무렵 자취방에 있던 플라스틱 욕조는 몸도 마음도 벌거벗은 채 쉴 수 있는 유일한 도피처였다. 누구에게도 들키고 싶지 않은 표정이나 감정을 모조리 토로할 수 있는. 어쩌면 결혼한 후로 더 이상 욕조로 숨지 않게 된 것은, 한집에 사는 든든한 내 편이 그 역할을 대신해 주어서는 아닐까.

도쿄로 돌아오는 버스에 타기 전, 유바타케 근처 기념품 가게에서 구사쓰 온천 향이 난다는 입욕제를 잔뜩 샀다. 덕분에 한동안 유황 냄새가 가득했던 결혼기념일의 여운을 집에서도 음미할 수 있었다.

一井
一井

### 산책 tip

도쿄역東京駅이나 신주쿠 버스터미널バスタ新宿 등에서 출발하는 JR 버스를 타면 구사쓰 온천 버스터미널草津温泉バスターミナル까지 한 번에 갈 수 있다. 이동 시간을 단축하려면 우에노역上野駅에서 특급 구사쓰 열차를 타고 나가노하라쿠사쓰구치역長野原草津口駅에서, 혹은 도쿄역에서 신칸센을 타고 가루이자와역軽井沢駅에서 내려, JR 버스로 갈아타는 방법도 있다.
구사쓰 온천 버스터미널 역에서 내린 뒤 유바타케를 중심으로 한 관광 명소와 식당, 카페, 기념품 가게는 도보로만 둘러봤다. 구사쓰 온천 정내 순회 버스草津温泉町内巡回バス도 다닌다. 당일치기로 즐길 수 있는 대중 온천과 무료 온천, 족욕탕도 많지만, 여유가 있다면 온천을 보유한 숙소에서의 1박을 추천한다.

### 가 볼 만한 곳

**네쓰노유**熱の湯

180cm 길이의 나무판으로 물을 저어 식히는 유모미를 구성진 노래와 춤과 함께 구경할 수 있다. 1960년에 시작됐으며 2015년, 2층 규모의 공연장으로 리뉴얼 오픈했다. 유모미 외에도 라이브 재즈나 기타 공연과 같은 특별 이벤트가 비정기적으로 개최된다.

**주소** 群馬県吾妻郡草津町草津414

**문의** www.kusatsu-onsen.ne.jp/netsunoyu

**마쓰모토**まつもと

조슈上州 지역의 밀가루를 사용한 폭이 넓고 얇은 히모카와 우동ひもかわうどん을 제공하는 우동 전문점. 지역 특산물인 잎새 버섯 튀김도 곁들이면 금상첨화다. 유바타케에서 도보 2분 거리이므로 구경을 마치고, 우동 한 그릇으로 허기를 채워보자.

**주소** 群馬県吾妻郡草津町大字草津486-5

**문의** 0279-88-2678

**사이노카와라 공원**西の河原公園

계곡에서 솟아난 온천수가 곳곳에 따뜻한 에메랄드빛 연못을 만들어 신비로운 분위기를 풍긴다. 자연 속에서 노천탕을 즐길 수 있는 유료 시설인 사이노카와라 노천탕賽の河原露天風呂도 유명하다. 유바타케에서 상점이 늘어선 사이노카와라도리西の河原通り 거리를 통과해 10분쯤 걸으면 도착한다.

**주소** 吾妻郡草津町草津521-3

**문의** sainokawara.com

**야마비코 온센 만주**山びこ温泉まんじゅう

팥앙금을 넣은 빵을 증기로 쪄낸 온센만주는 온천 여행에서 빼놓을 수 없는 먹거리다. 야마비코 온센만주에서는 그냥 먹어도 맛있는 만주를 튀김으로도 제공한다. 튀김 옷에 검은깨를 넣어 고소하고 따끈따끈한 아게만주あげまんじゅう로 출출함을 달래보자.

**주소** 群馬県吾妻郡草津町草津118-2

**문의** 0279-88-3593

### 시라네 신사白根神社

구사쓰 온천을 처음 발견했다고 전해지는 전설적인 인물 야마토타케루노미코토やまとたけるのみこと를 모시는 신사. 유바타케에서 출발할 경우 가파른 오르막길을 약 4분간 올라야 하지만, 그 덕분에 온천가를 한눈에 조망할 수 있다.

**주소** 群馬県吾妻郡草津町草津538

**문의** 0279-88-376

**유바타케**湯畑

구사쓰 온천을 상징하는 원천. 주변에는 온천수가 흐르는 수도와 발을 담글 수 있는 족욕탕도 마련되어 있다. 밤에는 다섯 가지 색의 조명을 번갈아 가며 비추는데, 자욱한 수증기 덕분에 한층 몽환적인 풍경을 연출한다.

**주소** 群馬県吾妻郡草津町草津

**문의** 0279-88-7188

## 사이타마현 가와고에川越

# 에도: 잃어버린 에도의 향취를 따라

지나간 시절은 다시 돌아오지 않는다는 이유만으로 그리움의 대상이 된다. 그래서 과거를 회상하는 사람의 눈에는 대개 애틋함이 서려 있다. 고된 사회생활의 대가로 이전보다 안락한 삶을 사는 나 역시, 가진 것은 없었지만 가능성만큼은 무궁무진했던 학생 시절이 문득 그리운 날이 있다. 또 온종일 디지털 기기의 혜택을 누리면서도, 가끔은 필름 카메라나 바이닐 레코드가 주는 아날로그 감성에 끌리기도 한다. 항상 새로움을 추구하면서도 옛것에 대한 향수를 버리지 못하는 모순된 마음. 어쩌면 늘 한 방향으로만 흐르는 시간에 갇힌 우리의 운명이 아닐까.

도쿄에 살다 보면, 이곳 사람들은 에도 시대(1603~1868)에 대한 집단적 향수를 앓는 게 아닐까 하는 생각이 종종 든다. 100년 넘은 가게를 일컫는 시니세老舗는 흔하지만, 에도 시대 때부터 내려온 곳은 훨씬 각별하게 친다. 또, 도쿄 국제공항이나 스카이트리처럼 도시를 대표하는 시설에는 에도를 테마로 한 공간이나 전시물이 빠지지 않는다. 단순히 도쿄의 옛

지명이 에도라서는 아니다. 에도 시대는 작은 어촌에 불과했던 에도를 지금의 수도로 만든 도시의 기원이자, 어쩌면 근대화 이전의 일본을 상징하는 정신적 고향이기 때문이다.

에도 시대는 일본을 통일한 도쿠가와 이에야스徳川家康가 에도에 강력한 무사 정권인 바쿠후幕府를 세우며 막을 올린다. 공식적인 수도는 왕이 사는 교토였지만, 실질적인 정치와 경제의 중심은 바쿠후가 있는 에도였다. 약 260년간, 전쟁이 한 차례도 일어나지 않은 태평성대 속에서 서민과 상인의 삶은 나날이 풍요로워졌고, 늘어난 여유는 자연스레 문화 발전으로 이어졌다. 연극인 가부키와 우키요에 목판화, 시의 한 장르인 하이쿠, 그리고 일식의 대명사 스시 등 일본의 전통을 구성하는 대부분의 문화가 이때 꽃을 피웠다. 그런데 에도 시대 직후, 메이지유신(1868)을 시작으로 급격한 서구화가 이루어졌으니, 가장 일본다운 시절이었을 에도 시대를 동경하는 것도 당연하지 않을까.

그러나 모든 면에서 최첨단을 달리는 대도시 도쿄에서 에도의 흔적은 마치 신기루와도 같다. 이름에 에도를 넣은 쇼핑몰이나 가게는 수없이 많고, 당시의 생활을 인공적으로 재현한 에도도쿄박물관도 있지만, 에도의 정취를 고스란히 간직한 동네는 찾아보기 어렵다. 수백 년 전의 풍경이 여전히 일상으로 살아 숨 쉬는 광경을 보고 싶다면, 역설적이지만 도쿄가 아닌 사이타마현에 가야 한다. 그곳에 예로부터 '작은 에도'라는 뜻에서 '고에도小江戸'라고 불려 온 도시, 가와고에가 있으므로.

고에도라는 말에는 '에도 못지않게 번성했던 도시'와 '에도가 생각나는 도시'라는 두 가지 뜻이 있다고 한다. 일본 북부 지방과 에도를 잇는 교통의 요충지였던 가와고에는 다른 지역에서 온 물자를 에도로 공급하는 상업 도시로서 번창했다. 공예품과 직물 생산으로도 유명해 한때 에도에 견줄 만한 부와 활기를 자랑했고, 에도를 왕래하는 사람이 많았던 만큼 문화적으로도 많은 영향을 받았다. 하지만 도쿄와 달리 근대 도시 개발 열풍을 비껴간 덕분에 전통 건축물이 보존될 수 있었고, 그 가치를 알아본 주민들의 노력 덕분에 1999년 '중요 전통 건조물군 보존 지구'로 지정된다. 가와고에 사람들이 '일본에 작은 교토는 많지만, 작은 에도는 가와고에뿐'이라고 자랑스럽게 말하는 이유다.

도쿄에 사는 사람에게도 가와고에의 존재는 행운이나 다름없다. 획일화된 도시 경관에 싫증 날 때, 에도 시대로 훌쩍 시간 여행을 떠날 수 있으므로. 그러다 보니 방문 경험이 제법 쌓였다. 혼자서 느긋하게 산책을 즐긴 적도, 남편과 둘이 주말 나들이를 떠난 적도 여러 번이다. 도쿄에 살면서 가와고에에 한 번도 가보지 않았다는 지인을 데려가기도 했고, 홍콩에서 놀러 온 대학 시절 친구와 비 오는 가와고에 거리를 휘젓고 다니기도 했다. 동행인의 취향에 따라 세세한 경로를 수정하곤 하지만, 꼭 보여주는 건축물이 있다. 에도 시대 상인들의 유산인 구라즈쿠리와 종탑인 도키노카네다.

전철을 타고 도쿄에서 가와고에에 가까워질수록 높은 건물로 빼곡하던 창밖 풍경이 나지막한 주택가로 바뀐다. 역에서 내려 버스를 타고 도시의 중심 거리인 이치반가이에 다다르면, 마치 시대극 속으로 들어온 것 같은 예스러운 운치에 편안함과 설렘이 동시에 밀려온다. 전통 의상인 유카타와 기모노를 곱게 차려입은 사람, 그리고 호객 행위에 여념이 없는 인력거꾼도 여행자의 몰입을 돕는다.

이치반가이가 특별한 이유는 도쿄에서 자취를 감춘 구라즈쿠리가 늘어서 있어서다. 칠흑처럼 어두운 외벽을 입고, 두툼한 여닫이 창문을 달고, 화려한 기와지붕까지 올린 구라즈쿠리에는 무사와 같은 위엄이 서려 있다. 주로 부유한 상인들이 물건을 안전하게 보관하기 위해 지었던 창고형 가옥인데, 불에 강한 흙벽으로 짓고 고풍스러운 장식을 더한 것이 특징이다. 가와고에 상인이 에도에 있던 구라즈쿠리를 동경하여, 건축 장인을 불러다 지었다고도 알려져 있다.

이치반가이를 걸으면서, 얼핏 비슷해 보이지만 조금씩 생김새가 다른 구라즈쿠리를 찬찬히 살펴보았다. 유난히 크고 정교한 기와 장식을 뽐내는 건물이 있는가 하면, 군더더기 없이 더욱 기품 있는 건물도 있었다. 아마도 만든 이의 취향과 성품이 반영된 것이겠지. 1792년부터 내려오는 오사와가 주택大沢家住宅을 포함해 대부분의 구라즈쿠리는 이제 관광객을 겨냥한 기념품 가게나 식당으로 역할을 바꾸었다. 하지만 짧게는 수십 년, 길게는 수백 년을 견딘 에도 양식의 건축물이 여전히 주민들의 생계를 뒷받침하고, 거리에 활기를 불어넣는다는 사실은 각별한 의미를 지닌다.

이치반가이의 메인 거리를 걷다 보면 도중에 사람들이 유난히 붐비는 골목이 나온다. 오른쪽으로 꺾어 들어가면, 가와고에인의 또 다른 자부심인 도키노카네가 눈에 들어온다. 기와지붕과 격자무늬를 제외하고는 눈에 띄는 장식 하나 없는 16m 높이의 수수한 목조 건축물이지만, 가와고에역과 호텔 로비, 식당 등 곳곳에 모형이 설치되어 있을 정도로 사랑받는 도시의 상징물이다. 실제로 보면, 마치 상점가 한가운데 우뚝 서서 사방을 굽어살피는 듯한 모양새다. 나무의 자연스러운 질감과 세월의 흔적이 전해지는 외관은 멋스럽기보다는 따뜻하고 정겹다.

가와고에에 도키노카네의 종소리가 울려 퍼지기 시작한 것은 약 400년 전인 에도 시대 초기. 당시 영주가 시간을 알리기 위해 처음 설립했는데, 그 후로 세 번이나 화재를 겪으며 역사 속으로 사라질 위기에 처했었다. 그 정도로 자주 불에 탔으면 포기할 법도 한데, 가와고에 사람들은 놀랍게도 번번이 종탑을 복원해 냈다. 특히 1893년 대화재 후에는 자신의 집과 가게조차 복구하지 못한 주민들이 종탑 재건에 발 벗고 나섰다는 후문이다. 그 정성이 통했는지 명망 있는 사업가와 정치인, 그리고 왕의 기부금까지 모여, 오늘날 이치반가이를 지키는 4대째 도키노카네가 탄생했다.

그 덕에 지금도 도키노카네는 하루 네 번, 6시와 12시, 15시, 18시에 청아한 종소리로 이치반가이를 깨운다. 옛날에는 종지기가 직접 종을 울렸지만, 오늘날에는 사다리만 남아있을 뿐, 종을 치는 당목이 저절로 움직인다. 딱 한 번 시간이 맞아 그 소리를 들어본 적이 있다. 경쾌하면서도 마음 깊은 곳을 두드리는 묵직한 울림과 은은한 여운은 고즈넉한 거리 풍경과 더없이 어울렸다. 다른 구경꾼들도 그 순간만큼은 숨을 죽이고 종소리에 온 감각을 집중했다. 마음만 먹으면 언제든지 초 단위까지 정확히 알 수 있는 요즘이지만, 가와고에 사람들이 기어코 지켜내고자 한 것은 모든 이들이 같은 종소리를 들으며 하루를 시작하고 마무리했던 옛 정서가 아니었을까.

가와고에에는 그 외에도 역사와 향수를 느낄 수 있는 유적이 많지만,

그 중심에는 항상 구라즈쿠리와 도키노카네가 있다. 옛것의 진가를 알아보고 소중히 여긴 주민들이 아니었다면 지금의 이치반가이도 존재할 수 없었을 것이다. 모든 것이 빠르게 변해가는 현대 사회, 고에도로서의 자부심을 꿋꿋이 지켜나가는 가와고에는 가끔 들춰보고 싶은 오래된 사진첩과도 같다. 물질적 풍요나 첨단 기술은 도쿄에 집약되어 있지만, 막상 도쿄가 잃어버린 에도의 풍경은 가와고에에서 숨 쉬고 있으니. 그래서일까. 도쿄로 돌아오는 전철을 타고 가와고에를 떠날 때, 나는 일본인의 추억 한 페이지를 거닐다 나온 기분이 들었다.

### 산책 tip

세이부신주쿠선 혼카와고에역本川越駅 또는 도부 도조선, JR 가와고에선, 도쿄메트로 후쿠토신선 가와고에역川越駅을 출발점 삼아 산책했다. 도보로도 충분했지만, 동선에 따라서는 고에도 순회버스小江戸巡回バス나 노선버스도 유용하겠다. 이동 경로에 따라 대중교통 할인 패스인 세이부선의 세이부 가와고에 패스西武川越パス나 도부 도조선의 가와고에 디스카운트 패스川越ディスカウントパス도 고려해 보자.

### 가 볼 만한 곳

**가시야요코초**菓子屋横丁

달콤한 디저트에는 남녀노소 모두를 웃음 짓게 하는 힘이 있다. 가시야요코초는 메이지 시대에 처음 생긴 옛날식 과자 골목으로, 일본인이 어린 시절 즐겨 먹던 불량 식품은 물론, 전통 방식으로 만든 수제 과자도 맛볼 수 있다.

**주소** 埼玉県川越市元町2

### 가와고에성 혼마루고텐川越城本丸御殿

가와고에성의 역사는 1457년으로 거슬러 올라가지만, 지금은 에도 시대 후기인 1848년에 추가된 혼마루고텐의 일부만이 남아 있다. 영주의 거처이자 가신들의 대기 장소로 활용됐으며, 내부에 들어가 견학할 수 있다.

**주소** 埼玉県川越市郭町2-13-1

**문의** 049-222-5399

### 가와고에 히카와신사川越氷川神社

아직 찾지 못한 인연을 기다리거나 연인, 부부간의 행복을 기원하는 사람들이 즐겨 찾는 신사. 규모는 크지 않지만, 신사 입구를 나타내는 큰 도리이와 소원을 적는 나무판인 에마 터널 등 눈길을 끄는 요소가 많다. 여름에는 바람에 흔들릴 때마다 청아한 소리를 내는 풍경 장식을 입구에 내건

다.

**주소** 埼玉県川越市宮下町2-11-3

**문의** www.kawagoehikawa.jp

**도롯코**陶路子

에도 시대 때부터 서민들의 간식으로 사랑받아 온 가와고에산 고구마. 식당과 도자기 가게를 겸하는 도롯코에서는 점심 한정으로 고구마를 테마로 한 가이세키 요리를 선보인다. 식전주에서부터 밥과 국, 반찬, 디저트에 이르기까지 모든 음식에 고구마가 들어간다.

**주소** 埼玉県川越市幸町7-1

**문의** www.touho-yamawa.co.jp/truck

**도키노카네**時の鐘

명실상부한 가와고에의 랜드마크. 종루 아래에는 건강을 지켜주는 신을 모시는 야쿠시 신사薬師神社가 자리하며, 전통적인 인테리어가 돋보이는 스타벅스 커피 가와고에가네쓰키도리점スターバックスコーヒー 川越鐘つき通り店과도 가깝다.

**주소** 玉県川越市幸町15-7

**문의** 049-224-6097

**이치노야**いちのや

사이타마의 강에서 잡히는 장어는 가와고에 사람들의 귀중한 영양식이다. 이치노야는 1832년에 문을 연 장어 전문점으로, 네모난 칠기 그릇에 나오

는 장어 덮밥 우나주うな重는 물론, 토핑을 올리거나 육수를 부어 다양하게 즐길 수 있는 히쓰마부시ひつまぶし도 선보인다.

**주소** 埼玉県川越市松江町1-18-10

**문의** 049-222-0354

**이치반가이**一番街

구라즈쿠리 전통가옥 거리가 조성된 이치반가이. 개성 있는 기념품 가게와 레스토랑, 전통 의상 대여점이 밀집해 있다. 인력거를 타고 돌아보는 것도 색다른 추억으로 남지 않을까. 1900년대 초반의 감성을 간직한 다이쇼 로망 유메도리大正浪漫夢通り와도 이어진다.

**주소** 埼玉県川越市仲町

**문의** kawagoe-ichibangai.com

芋菓子
ガラス体験

## 야마나시현 후지카와구치코富士河口湖

# 후지산: 후지산의 맨 얼굴을 보다

온종일 구름 한 점 없이 청명한 날이면, 퇴근길에 문득 이런 생각이 든다.

'오늘 후지산 보러 간 사람들은 얼마나 좋을까.'

야마나시현과 시즈오카현에 걸친 일본에서 가장 높은 해발 3,766m의 후지산. 하늘에서 누군가 손으로 조각한 듯 반듯하게 솟은 형태는 단순함의 미학을 보여주고, 산머리에 눈이 쌓여 흰 모자를 쓴 듯한 자태는 신비감을 더한다. 단순한 그림으로도 표현하기 좋은 후지산의 이미지는 어쩌면 국기만큼 대중적인 일본의 심벌일지도 모르겠다. 1707년 이후로 한 번도 분화하지 않은 활화산인 만큼 잠재적인 대재앙인 것도 사실이지만, 아무래도 후지산이 없는 일본은 상상하기 어렵다. 2013년 유네스코 세계문화유산에 등록된 명칭처럼 그들에게 오랜 '신앙의 대상이자 예술의 원천'이었으니 말이다.

후지산이 처음 모습을 드러낸 것은 약 10만 년 전. 그때부터 분화를 거듭하며 높아져 가는 산이 옛사람들에게는 얼마나 경이롭고도 두려운 존재였을까. 후지산의 폭발을 막기 위해 오래전부터 일본인은 멀리서 산을 바라보며 기도를 올리거나 산기슭에 신사를 세우곤 했다. 분화 활동이 수그러든 헤이안 시대(794~1184) 말부터는 후지산을 오르며 참배하는 수행자가 늘었다고 한다. 일평생 후지산을 128번 올랐다고 알려진 하세가와 가쿠교長谷川角行는 아예 후지산을 숭배하는 가르침을 만들어, 민속 신앙인 후지코富士講를 탄생시켰다. 후지산 순례를 목적으로 하는 후지코는 지금은 명맥만 남았지만, 에도 시대(1603~1868) 중기에는 간토 지방을 중심으로 크게 성행했다고 한다.

예술에 미친 영향도 지대하다. 일본 시, 노래, 회화, 문학 등 후지산이 등장하지 않는 분야를 찾기가 더 어려울 정도다. 특히 에도 시대 말부터는 목판화 우키요에에서 강한 존재감을 드러내는데, 가쓰시카 호쿠사이의 〈후가쿠 36경冨嶽三十六景〉이 대표적이다. 일본 각지에서 바라본 후지산의 절경을 표현한 시리즈로, 일본에서 선풍적인 인기를 누렸을 뿐 아니라 유럽으로도 흘러 들어가 빈센트 반 고흐, 폴 고갱 등 19세기 인상주의 화가에게 영감을 주었다. 언젠가 아타미의 한 미술관에서 〈후가쿠 36경〉 전시를 관람한 적이 있다. 간결한 선과 단순한 구성, 제한된 색상만으로도 빨려 들어갈 듯 생생해 잔상이 오래 남았다.

처음 일본에 왔을 무렵, 나는 순진하게도 후지산이 마음만 먹으면 언제든지 볼 수 있는 산인 줄 알았다. 그래서 산을 좋아하시는 부모님이 도쿄를 처음 방문했을 때, 야심 차게 야마나시현의 오시노핫카이忍野八海로

두 분을 안내했다. 후지산에서 흘러 내려온 맑은 물을 담은 8개의 연못으로, 오래된 집과 투명한 연못, 그리고 후지산이 어우러진 비경을 자랑한다. 후지산을 테마로 한 기념품은 실컷 구경했지만, 흐린 날씨 탓에 후지산은 산허리만 겨우 보여 얼마나 죄송했는지 모른다. 또 한 번은 한국에서 친구가 놀러 와 시즈오카현으로 당일치기 투어를 예약하기도 했다. 일기 예보에 없던 비가 내려 실망한 우리는 '후지산 투어인데 후지산이 안 보이네요'라는 가이드의 농담에 허탈하게 웃을 수밖에 없었다.

그 후로도 후지산을 보러 갈 때마다 번번이 실패하자, 나는 '혹시 후지산은 원래 보기가 어려운 산이라 사진이나 일러스트가 많은 걸까?'라는 엉뚱한 생각을 하기에 이르렀다. 그렇게 체념하고 지낸 지 몇 년이 흘렀을까. 남편이 결혼 전 부모님과 함께 처음 야마나시현에 놀러 가 한 번 만에 깨끗한 후지산을 보았다는 사실을 알게 됐다. 그러고 보니 남편과 함께 외출할 때는 날씨가 궂은 기억이 없었다. 일본에서는 날씨 운이 좋은 사람을 '하레온나晴れ女'나 '하레오토코晴れ男'라고, 반대로 비를 몰고 다니는 사람을 '아메온나雨女'나 '아메오토코雨男'라고 부르는데, 혹시 남편이 날씨 요정, 하레오토코는 아닐까.

후지산을 볼 수 있을지도 모르겠다는 작은 희망을 품게 된 나는 겨울이 오기만을 기다렸다. 봄에는 미세먼지가 말썽인 데다 하늘이 변덕스럽고, 여름에는 긴 장마가 도사리고 있으며, 가을에는 태풍이 잦다. 비가 잘 오지 않고 하늘이 깨끗한 겨울이 적기라는 사실을 깨우친 터였다.

12월이 되어 청명한 날씨가 이어지자 나는 남편을 이끌고 야마나시현 후지가와구치코로 향했다. 후지산 분화로 생긴 호수인 가와구치코河口湖를 품은 마을로, 후지산을 조망하며 관광 시설을 즐길 수 있는 여행지다. 출발하는 날, 포근한 겨울 햇살이 내리쬐는 청명한 하늘에도 나는 불안감을 완전히 떨쳐내지 못했다. 목적지인 가와구치역이 가까워지자 후지큐 하이랜드富士急ハイランド의 전경이 오른편에 보이기 시작했다. 기네스북에 오를 정도로 가파른 롤러코스터를 보유한 놀이공원인데, 보기만 해도 아찔했다. 어지럽게 꼬인 레일 위로 후지산이 천천히 고개를 내밀었다. 그런데 아니나 다를까. 후지산 주변으로만 야속한 구름 떼가 솜사탕이라도 만들 듯 뭉쳐 있었다. 이번에도 후지산을 못 보면 어쩌나 걱정스러웠지만, 시시각각 변하는 하늘을 믿어보는 수밖에 없었다.

내 간절함이 통했는지 아니면 남편과 동행한 덕분인지, 역에서 내리

자 후지산을 둘러싼 구름이 거짓말처럼 자취를 감췄다. 정상에 쌓인 눈이 햇빛을 받아 은처럼 반짝였다. 건물에 가리지 않은 온전한 후지산을 감상하기 위해 서둘러 후지산 파노라마 로프웨이로 발걸음을 옮겼다. 1957년에 문을 연 로프웨이는 외관에서부터 레트로한 분위기가 물씬 풍긴다. 특히 입구에서부터 토끼와 너구리 그림이 가득했는데, 로프웨이가 설치된 산이 일본 설화 「카치카치산カチカチ山」의 배경이기 때문이다. 우리나라 말로 번역하면 '탁탁산'쯤 되는 이야기의 줄거리는 이렇다.

옛날 시골에서 농사를 지으며 살아가는 한 노부부가 있었다. 장난기 많은 너구리가 농작물을 망쳐 버리자 화가 난 할아버지는 산에서 너구리를 잡아, 할머니에게 국을 끓여 놓으라고 한다. 그런데 할머니가 되려 너구리에게 당해 국에 들어가 버리고, 할아버지는 너구리에게 속아 그만 그 국을 먹고 만다. 이 사실을 알고 상심한 할아버지에게 토끼가 복수를 약속한다. 토끼는 너구리를 꾀어 땔감을 이게 한 다음 부싯돌로 나무에 타악타악 불을 붙인다. '어디서 탁탁 소리가 나지 않아?'라고 묻는 너구리에게 능청스럽게 '여기가 탁탁산이니 탁탁 소리가 나지!'라고 둘러대면서. 너구리가 다치자 토끼는 고추로 만든 약을 발라 또 한 번 골려 주고는, 선심 쓰는 척 진흙 배에 태워 호수에 빠트려 죽이는 것으로 복수를 마무리한다.

남녀노소 누구나 읽을 수 있도록 승강장 벽면에 걸어 놓은 설화의 잔혹함에 나는 아연실색했다. 할아버지에게 할머니국을 먹인 너구리도, 그런 너구리에게 끔찍하게 복수하는 토끼도 곱게 볼 수만은 없었다. 이런

생각을 아는지 모르는지, 산 정상으로 승객을 데려다주는 로프웨이 곤돌라에도, 산 정상에도 익살스러운 너구리와 토끼 장식이 가득했다. 지상에서 멀어지면서 가와구치코 전경이 발밑에 시원하게 펼쳐졌지만, 내 눈은 시야에서 사라진 후지산을 쫓기 바빴다. 곤돌라에서 내려 전망대에 오르자, 비로소 구름 한 점에도 가려지지 않은 후지산을 마주할 수 있었다. 하늘을 향해 고고하게 선 봉우리는 부정할 수 없이 그 일대의 주인공이었고, 양옆으로 완만하게 뻗은 산맥은 마을을 감싸는 팔처럼 보였다. 관광객들은 하나같이 휴대폰과 카메라를 들고 사진을 찍거나 앞에서 포즈를 취하느라 바빴다. 물론 나 역시 재빨리 그 대열에 합류했다.

"그렇게 좋으면 여름에 한 번 등산이라도 하든지."

남편이 장난스럽게 물었다.

"후지산에 올라가면 후지산을 못 보잖아."

평소 산은 정복의 대상이 아니라 멀찍이 감상하는 존재라고 믿는 내가 받아쳤다.

로프웨이를 타고 호숫가에 내려온 뒤에도 내 시선은 줄곧 후지산에 고정됐다. 또 언제 후지산의 맨얼굴을 볼 수 있을지 모른다는 생각에 산에서 내려오고 나서는 바로 유람선을 타고 호수 위에 떠 있는 듯한 후지산을 감상했다. 둘레 약 20km에 이르는 가와구치코도 온종일 반 바퀴는 넘게 걸었다. 숙소에 도착하고 나서는 아예 발코니에 자리를 잡고 앉아 후지산을 바라보기 시작했다. 작열하던 태양이 호수에 스르르 잠기자 푸르기만 했던 산이 서서히 보랏빛으로 물들기 시작했다. 산 밑 마을에 하나

둘 빛이 들어오고, 땅거미가 완전히 내려앉을 때까지 나는 차가운 바람에도 꿈쩍하지 않았다. 그토록 거대한 산이 검은 밤하늘에 완전히 숨어들 때까지.

그날은 후지산을 눈에 담지 못하고 돌아온 날을 보상받은 마음으로 기쁘게 잠들 수 있었다. 언젠가 나의 미숙함 탓에 후지산을 만끽하지 못한 부모님과 친구들에게도 같은 기분을 느끼게 해 줄 수 있기를 바란다.

산책 tip

후지급행선 가와구치코역河口湖駅에서 내려 가와구치코주유 레트로버스河口湖周遊レトロバス를 타고 걸어서 호수 주변의 관광지를 산책했다. 역 주변에서 자전거를 빌릴 수도 있으며, 여러 명소를 편리하게 잇는 가와구치코주유버스河口湖周遊バス도 운행한다. 후지산을 꼭 보고 싶다면, 인터넷으로 후지산 라이브 카메라를 확인하고 가는 방법도 있다.

가 볼 만한 곳

**고사쿠 가와구치코점**小作 河口湖店

야마나시현의 명물 요리인 호우토우ほうとう는 냄비에 육수를 끓여 미소 된장을 풀고, 제철 채소와 넓적한 면을 삶아 먹는 국수 요리. 칼국수처럼 쫄깃한 식감과 걸쭉한 국물, 푸짐한 채소가 인상적이다. 가와구치코역 건너

편에 위치해 여행을 시작하기 전 허기를 채우기 좋다.

**주소** 南都留郡富士河口湖町船津 1638-1

**문의** www.kosaku.co.jp

**가와구치코 음악과 숲 미술관**河口湖音楽と森の美術館

동화 속 한 장면 같은 분위기 속에서 식사하거나 오르골의 청아한 선율을 감상할 수 있는 이색 미술관. 춤추는 오르간과 자동 연주 악기를 상시 즐길 수 있으며, 체험 공방에서는 나만의 오르골을 만들 수도 있다.

**주소** 山梨県南都留郡富士河口湖町河口3077-20

**문의** kawaguchikomusicforest.jp

### 가와구치코 유람선 앗파레河口湖遊覧船 天晴

배를 타고 바라보는 후지산은 마치 일렁이는 물결 위에 떠 있는 것 같다. 시원한 호수의 바람과 이따금 하늘을 가르는 새들의 날개짓, 그리고 전원적인 풍경도 마음을 상쾌하게 한다. 유람선은 30분마다 출발하며, 한 번 일주하는 데 걸리는 시간은 20분이다.

**주소** 山梨県南都留郡富士河口湖町船津4034

**문의** www.fujigokokisen.jp

**가와구치코 후지산 파노라마 로프웨이**河口湖富士山パノラマロープウェイ

약 460m의 로프웨이를 곤돌라를 타고 3분 만에 올라가면, 전망대와 기념품 숍은 물론 후지산을 바라보며 탈 수 있는 카치카치산 절경 그네カチカチ山絶景ブランコ 등 포토 스폿이 기다린다. 걸어서 오를 경우 약 40분이 소요된다.

**주소** 山梨県南都留郡富士河口湖町浅川1163-1

**문의** www.mtfujiropeway.jp

**오이시 공원**大石公園

가와구치코 북쪽에서 후지산을 조망할 수 있는 공원. 여름에는 라벤더, 가을에는 붉게 물든 코키아가 이미 수려한 풍경에 생기를 더한다. 근처에 야마나시현 특산품과 각종 기념품을 판매하는 가게와 카페도 있어 여유롭게 머물기 좋다.

**주소** 山梨県南都留郡富士河口湖町大石2585

**문의** 0555-76-8230

**브랜드 뉴 데이 커피 하나테라스**ブランニューデイコーヒーハナテラス

오이시 공원 인근의 감각적인 숍과 카페가 밀집한 후지오이시 하나테라스 富士大石ハナテラス 내에 위치한다. 쾌적한 실내 공간과 후지산이 보이는 테라스석을 겸비한다. 카페 메뉴뿐 아니라 피자와 맥주까지 즐길 수 있는 것도 장점.

**주소** 山梨県南都留郡富士河口湖町大石1477-1

**문의** brand-new-day.rhinoceros.jp/hanaterrace

## 이시카와현 가나자와金沢

# 공예: 일상 예술이 넘쳐흐르는 곳

고백하건대, 나는 손재주가 없는 편이다. 글을 쓰거나 사진 찍는 것은 좋아하지만, 손끝의 감각이 남들보다 둔감한지 바느질이 서툴고, 고리가 작은 목걸이를 혼자 매지 못해 끙끙댄다. 그렇다 보니 손재주가 좋은 '금손' 지인들이 부러울 때가 많다. 여름이 되면 알록달록한 비즈로 팔찌를 만들어 선물하는 직장 동료나, 직접 도예 공방에서 자신을 닮은 아름다운 그릇을 만들어 쓰는 친구처럼. 아르바이트하며 알게 된 일본인 주부 중에서는 도시락밥과 반찬으로 온갖 캐릭터를 재현하고, 손바느질로 가방이나 주머니, 옷을 뚝딱 만드는 능력자도 많다. 가사에 대한 기대치가 지나치게 높은 점은 우려되지만, 고유한 감각으로 필요한 물건을 창조하는 이런 행위를, 나는 일상 예술 혹은 공예라고 부르고 싶다.

내 손으로 전에 없던 예술적이고도 실용적인 물건을 탄생시키는 뿌듯함. 삶의 많은 부분을 기계에 의존하는 현대 사회에 직장인으로 살며 좀처럼 느끼기 어려운 기분이다. 그래도 파블로 피카소의 말처럼 모든 어린이가 예술가라면, 내 안에도 언젠가 놀이터 모래로 성을 쌓고, 수업 시간에 몰래 종이 장미를 접던 작은 공예가가 잠재되어 있지 않을까. 그런 생각의 흐름이 오래전부터 '공예 도시'라는 소문만 들었던 이시카와현 가나자와에 가닿았다.

인류 문화 발전에 기여한 도시를 선정하는 유네스코 창의 도시 네트워크에 2009년 일본 최초로 민속 및 공예 예술 분야로 이름을 올린 가나자와. 공예 도시로서의 명성은 에도 시대(1603~1868)에 움트기 시작했다. 1583년 가나자와성을 인수한 영주 마에다 도시이에前田利家가 쌀 수확으로 축적한 부를 무력보다는 문화예술을 발전시키는 데 사용한 덕분이다. 당시로서는 드물게 가나자와성 안에 차 도구와 가구를 만드는 공방을 두었고, 전국 각지에서 장인을 초청해 기술을 전파하기도 했다. 이 시기에 가나자와 사람들은 다양한 생활용품과 미술품을 제작하며, 도자기와 칠기, 염색, 자수 등 오늘날까지 도시를 총천연색으로 물들이는 예술을 꽃피웠다. 지금은 가나자와시에서 설립한 가나자와예술창조재단이 그 역할을 이어받아 공방과 교육 프로그램을 운영하며 장인과 시민들의 창작 활동을 지원하고 있다. 도시 곳곳을 수놓는 다채롭고 수준 높은 미술관과 박물관, 개성 넘치는 공예품 가게도 가나자와의 특징 중 하나다. 여기에 관광객도 부담 없이 참여할 만한 체험 프로그램까지 마련되어 있으니, 하루아침에 금손으로 거듭나지는 못하더라도 모처럼 창작의 기쁨은 누릴 수 있겠다는 확신이 들었다. 마침 4월 말에서 5월 초에 걸친 일본의 황금연휴, 골든 위크ゴールデンウィーク였다.

도쿄역에서 신칸센을 타면 두 시간 반 만에 가나자와역에 도착하지만, 비용을 줄이기 위해 도쿄 국제공항에서 비행기를 타고 고마쓰 공항에 내렸다. 한 시간 남짓 하늘길로 일본 열도의 동쪽에서 서쪽으로 이동하며, 바깥 풍경이 빌딩 숲에서 눈 덮인 산맥으로, 또다시 한갓진 바다 마을로 바뀌는 과정을 흥미진진하게 구경했다. 그런데 막상 고마쓰 공항을 나와 버스를 타고 가나자와 시내로 향했을 때는 조금 실망할 수밖에 없었다. 창밖에 비친 단정하고 현대적인 거리는, 얼핏 보기에 일본의 여느 중소 도시와 다를 바 없었기 때문이다. 공예 도시에 대한 내 환상이 지나쳤던 것일까.

걱정이 안도로 바뀐 것은 가나자와를 상징하는 거리, 히가시차야가이에 다다랐을 때였다. 처음 '차야가이茶屋街'라는 단어를 보았을 때는 한자 그대로 찻집 거리인 줄 알았지만, 이제는 게이샤들이 연회 자리에서 기예를 뽐내던 옛 유흥가임을 안다. 히가시차야가이는 가나자와에 남은 차야가이 중 가장 규모가 크며, 2001년부터 일본의 '국가 중요 전통 건조물군 보존지구'로 선정되어 보호받고 있다.

히가시차야는 연휴를 보내러 온 인파로 붐볐다. 골목 초입에는 붉게 칠한 건물 앞에 길에 잎사귀를 늘어뜨린 버드나무가 바람에 흔들리고 있었다. 안쪽을 들여다보니, 발 디딜 틈 없는 돌길 양옆으로 나란히 늘어선 2층짜리 목제 건물이 보였다. 기와의 높이마저 맞춘 듯 가지런했다. '작은 교토'라고 불릴 만큼 예스러우면서도 기품 있는 분위기와 200여 년을 견뎌낸 건축물 덕분에, 히가시차야가이는 영화 「게이샤의 추억」(2006)을

비롯해 여러 작품의 촬영지로도 쓰였다. 지금은 내부를 현대적으로 개조한 상점이나 카페도 많아졌지만, 여전히 해가 진 뒤 단골에게만 허락된 전통 연회가 곳곳에서 열린다고 한다.

밤의 내밀한 풍경까지는 알 수 없지만, 낮의 히가시차야를 빛내던 존재는 기모노를 차려입고 시간 여행을 즐기는 여행객들이었다. 주로 자연에서 영감을 얻은 단아한 문양과 화사한 색감, 리본이나 부채꼴 모양으로 봉긋하게 솟아올린 허리띠, 그리고 올림머리에 살포시 내려앉은 꽃장식까지. 친구나 커플끼리 전통 의상을 맞춰 입고 사진 촬영에 여념이 없는 모습에서 눈을 뗄 수 없었다. 봄볕 아래 어여삐 빛나는 청춘이었다.

햇살 아래 반짝이는 것은 사람뿐만이 아니었다. 건물 한 귀퉁이에 옹기종기 모인 이들의 손에 금박 한 장을 통째로 올린 아이스크림이 화사한 빛을 내뿜고 있었다. 호기심이 발동해 줄을 서서 주문했다. 직원은 능숙한 솜씨로 금박을 종이에서 떼어내 아이스크림 한쪽에 붙여 주었다. 금박에서는 이렇다 할 맛이 느껴지지 않았고, 오히려 입 주변에 달라붙어 난감하기만 했지만, 눈으로만 즐기던 금을 입에 넣어 본 이색적인 경험이었다.

금에 소량의 은과 구리를 섞어

종이보다 얇게 펴낸 금박은 가나가와의 전통 공예에서 빠지지 않는 재료다. 게다가 도시의 정체성과 맞닿아 있다 해도 과언이 아니다. 가나자와는 그 이름부터 '사금을 씻는 연못'을 뜻하는 '가나아라이자와金洗沢'에서 유래했다고 전해지며, 현재 일본 금박 생산량의 약 99%를 차지하는 최대 생산지이기 때문이다. 그래서인지 가나자와에서 방문한 기념품 가게마다 금박 장식을 넣은 공예품은 물론, 금박을 넣은 커피와 카스텔라, 마스크팩, 골프공 등 신기한 제품을 선보이고 있었다.

금박에 대해 더 알고 싶어진 나는 히가시차야 인근에 위치한 가나자와 시립 야스에 금박공예관을 찾았다. 금박 장인으로 활동한 야스에 다카아키安江孝明가 1974년 설립하고 1985년 가나자와시에 기증한 금박 미술관이다. 금박 제조에 쓰이는 도구와 금박을 활용한 공예품을 감상할 수 있다. 병풍 속의 구름과 검은 칠기 위에 헤엄치는 잉어, 도자기 그릇에 만개한 꽃…. 종이에서 떨어져 나와 새로운 역할을 부여받은 금박은 특유의 그윽한 빛으로 작품의 격을 높이고 있었다.

미술관에서 가장 진귀하게 다가온 전시물은 다름 아닌 금박 제조 과정을 소개하는 영상이었다. 금박은 그사이에 끼우는 특수 종이를 만드는 데서 출발해, 종이로 감싼 금박 뭉치를 기계로 두드려 가며 1,000분의 1mm 두께로 늘리는 즈시澄와 이를 다시 10,000분의 1mm 두께가 될 때까지 펴서 재단하는 하쿠箔 공정을 거친다. 사람의 눈으로는 측정할 수조차 없는 얇기를 구현하기 위해 장인들은 똑같은 작업을 수천 번 반복하기도 한다. 쉴 새 없이 달그락거리는 기계 소리를 들으면서 나는 조금 전

아이스크림에 올려 먹은 금박을 떠올렸다. 작은 입김에도 쉽게 날아가고, 혀에 살짝 닿기만 해도 힘없이 바스러지던 금박. 그 가냘픈 존재 앞에서 숨죽인 채 같은 공정을 되풀이하는 마음을 감히 상상해 보았다. 주어진 자리에서 주름진 손으로 묵묵히 금박을 두드리는 장인의 뒷모습은 예술가보다는 수행자에 가까워 보였다. 일본 제조 문화의 기반이라고 일컬어지는 장인 정신을 담은 물건 만들기, 혹은 '모노즈쿠리ものづくり'가 이런 것일까. 아름답고 자유로운 예술 활동도, 창의적인 제품에 힘입은 편리한 일상도, 누군가의 헌신과 지난한 노동이 뒷받침하고 있음을 다시금 깨달았다.

공예관을 나선 후에는 금박 붙이기를 체험하러 가나자와카타니로 향했다. 열쇠고리나 엽서, 도시락통 등 원하는 제품을 골라 스티커 틀을 이용해 금박 문양을 입히는 프로그램이었다. 고심 끝에 나는 벚꽃 모양 접시와 고양이 스티커를 골랐다. 역시나 스티커를 떼는 단계에서부터 애를 먹었고, 손을 떨며 붙인 금박 표면도 울퉁불퉁했다. 다행히 전문가가 말끔하게 수정해 주었지만, 완성품을 보니 고양이의 위치가 썩 마음에 들지 않았다. 마지막 단계에서 욕심을 부려 과하게 뿌린 펄도 문제였다. 그래도 완성하기 전까지 머릿속에 결과물을 그리며 스티커를 고르고, 금박을 붙이던 시간만큼은 초등학교 미술 수업으로 돌아간 듯 설레었다. 나는 자신의 완성품마저 평가하려 드는 어른의 비판적인 시선을 거두고, 내 손으로 처음 꾸민 금박 그릇을 소중히 든 채 체험장을 나섰다.

가나자와 시내에는 금박에 한정되지 않은, 주제도 규모도 광범위한 미술관과 박물관, 체험 공방이 산재하다. 도시 전체가 하나의 뮤지엄과 같아서, 매일 지붕 없는 통로를 거닐며 전시장과 워크숍을 탐방하는 기분이 들었다. 금박 붙이기 체험 외에도 손수건 염색, 도자기 빚기, 화과자 만들기 등 다채로운 체험이 마련되어 있어 자연스레 내 안에 숨어 있는 작은 예술가에게 말을 걸게 된다. 새로운 도시를 방문할 때마다 습관처럼 그곳에 사는 자신을 상상하는 나는, 다재다능한 손길로 찬란하게 일상을 꾸미는 공예가를 그려 보며 잠시 흐뭇한 미소를 지었다.

산책 tip

JR 호쿠리쿠 신칸센과 이시카와 철도선 등으로 연결된 가나자와역金沢駅 또는 고마쓰 공항을 통해 갈 수 있다. 주요 명소가 가나자와성과 겐로쿠엔 주변에 밀집되어 있어, 도보로도 충분히 돌아볼 만했다. 버스를 타고 관광할 계획이라면, 버스 이용권은 물론 일부 문화 시설의 할인 혜택까지 포함한 가나자와 1일 프리 승차권金沢市内１日フリー乗車券을 고려해 보자.

가 볼 만한 곳

**가나자와성 공원**金沢城公園

가나자와를 14대에 걸쳐 다스린 마에다 가문이 살던 가나자와성. 전성기의 웅장함은 화재로 자취를 감추었지만, 꾸준한 복원을 통해 지금의 가나자와성 공원이 조성됐다. 납이 백화해 하얗게 빛나는 우아한 기와지붕이 눈길을 끌며, 가로로 길게 뻗은 고주켄나가야五十間長屋도 볼거리다.

**주소** 石川県金沢市丸の内1-1

**문의** www.pref.ishikawa.jp/siro-niwa/kanazawajou

**가나자와 시립 야스에 금박공예관**金沢市立安江金箔工芸館

어쩌면 공예 도시이기 전에 '금의 도시'인 가나자와. 금박을 제조하는 법은 처음에 교토에서 전해졌지만, 이제는 가나자와를 대표하는 생산물로 자리매김했다. 금박의 역사에서부터 공정과 특징 등을 배울 수 있는 공예관으로, 장인의 자부심과 애정이 듬뿍 느껴진다.

**주소** 石川県金沢市東山1-3-10

**문의** www.kanazawa-museum.jp/kinpaku

**가나자와카타니**かなざわカタニ

1899년에 설립한 금박 제조 회사에서 운영하는 금박 붙이기 체험에 참여해 보자. 원하는 제품과 금박의 틀 역할을 하는 스티커를 선택해 자유롭게 꾸미면 된다. 초보자도 손쉽게 완성할 수 있다. 사전 예약 후 방문하는 편을 추천.

**주소** 石川県金沢市下新町6-33

**문의** www.k-katani.com/experience

**가나자와 21세기 미술관**金沢21世紀美術館

가나자와의 예스러운 정취와 유쾌한 대비를 이루는 현대적인 미술관. 개방된 환경 속에서 남녀노소 누구나 직관적으로 즐길 수 있는 작품을 다수 선보인다. 유리로 둘러싸인 원형 건물은 세계적인 건축 그룹 사나에서 지었다. 홈페이지에서 유료 티켓과 함께 레안드로 엘리히의 〈더 스위밍 풀

The Swimming Pool〉 입장을 예약할 수 있다.

**주소** 石川県金沢市広坂1-2-1

**문의** www.kanazawa21.jp

**겐로쿠엔**兼六園

가나자와성 공원과 다리 하나를 사이에 두고 있으며, 규모가 11.4ha에 이른다. '겐로쿠엔'이라는 이름에는 정원의 6가지 덕목인 광대함과 고요함, 인공물, 고풍스러움, 물의 흐름, 그리고 장엄한 전망을 모두 갖추었다는 의미가 담겼다. 사람의 힘으로 만든 연못과 폭포, 조형물, 그리고 계절마다 다른 색으로 풍경을 물들이는 꽃과 나무 덕분에 심심할 틈이 없다.

**주소** 石川県金沢市丸の内1-1

**문의** www.pref.ishikawa.jp/siro-niwa/kenrokuen

**오미초시장**近江町市場

가나자와의 부엌이라 부를 수 있는 오미초 시장. 시민들의 식재료뿐 아니라 관광객의 시각과 미각을 매료할 별미도 가득이다. 즉석에서 맛볼 수 있는 간식은 물론, 호화로운 해산물 덮밥으로 잘 알려진 야마상스시 본점과 오리지널 가나자와 카레를 선보이는 챔피언 카레 등 유명한 식당도 입점되어 있다.

**주소** 石川県金沢市上近江町50

**문의** ohmicho-ichiba.com

**히가시차야가이**東茶屋街

가나자와를 가장 가나자와답게 만드는 거리. 가까운 가즈에마치主計町와 니시차야가이西茶屋街와 함께 가나자와 3대 차야가이를 이룬다. 전쟁이나 큰 지진을 비껴간 덕분에 200년 전의 운치를 고스란히 간직하고 있다.

**주소** 石川県金沢市東山

## 지바현 나리타成田

# 하쓰모데: 한 해를 여는 사찰

해가 바뀌는 순간은 언제나 신비롭게 느껴진다. 평소에는 의식도 하지 않은 채 흘려보내던 1분 1초지만, 12월 31일에서 1월 1일로 넘어가는 순간만큼은 잠들지 못한 채 온 신경을 시계에 집중한다. 마침내 한 해의 끝과 새해의 시작이 교차할 때, 우리는 모두 지난 잘못을 뒤로 하고 새롭게 출발할 권리를 선물 받는다. 미래는 희망의 또 다른 말. 그래서 연말연시에는 사람들의 들뜬 표정과 거리를 화사하게 수놓는 조명 장식, 그리고 어려운 이웃을 향한 온정의 손길 등 고아하고 긍정적인 기운으로 가득한가 보다.

일본의 연말연시 풍경도 비슷하다. 겨울이 되면 기다렸다는 듯 쏟아지는 연하장 덕분에 우체국에 활기가 돌고, 기적을 꿈꾸며 연말 복권을 사려는 사람들로 판매점 앞마다 기나긴 행렬이 이어진다. 12월 마지막 밤에는 그 해를 빛낸 가수가 총출동하는 TV 프로그램 「NHK 홍백가합전」을 보거나 번화가로 나가 카운트다운 이벤트를 즐기기도 한다. 이때 '해

넘이 국수'라는 뜻인 도시코시소바年越し蕎麦도 빠질 수 없다. 입에서 툭 끊기는 메밀국수처럼 나쁜 일은 깔끔히 털어내고, 가늘고 긴 면처럼 무탈하게 오래 살라는 의미다.

이맘때가 되면, 나 역시 일본에 있는 지인에게 편지를 쓰거나, 한국에 사는 가족이나 친구에게 안부 인사를 전하느라 정신이 없다. 1월 1일 자정에는 밖에 나가는 대신 편안하게 소파에 앉아 TV를 켜고 일본의 새해 풍경을 구경한다. 이때 방송의 단골 소재는 신년 첫 참배인 하쓰모데初詣. 주로 1월 1일에서 3일 사이에 절이나 신사를 방문해 소원을 비는 풍습으로, 열성적인 참배객은 새해 전날에 도착해 밤을 지새우기도 한다.

한 번은 방송에서 이런 장면을 보았다. '3, 2, 1…. 새해 복 많이 받으세요!'라는 아나운서의 활기찬 목소리가 울려 퍼지자마자 사원 앞 광장에서 대기하던 까마득한 인파가 일제히 본당으로 뛰어 올라가는 것이었다. 신호탄이 울리자마자 뛰쳐나가는 달리기 경기처럼, 한시라도 빨리 신년 소망을 빌러 치열하게 달려가는 광경이 인상 깊었다. 나중에 찾아본 사원의 이름은 나리타산신쇼지. 940년 부동명왕상을 모시기 위해 지바현 나리타에 세워진 유서 깊은 불교 사원으로, 정초 첫 사흘간 무려 300여만 명이 방문하는 대표적인 하쓰모데 명소다.

'공항 도시로만 알고 있었던 나리타에 이런 곳이 있었다니.'

어떤 곳인지 궁금해진 나는 연초의 들뜸이 다 가라앉지 않은 1월 중순, 생애 첫 하쓰모데를 체험하러 나리타역으로 향했다. 축제에 온 듯, 역 출구에서부터 포장마차가 끝없이 늘어서 있었다. 나리타역와 사원 사이에 놓인 약 800m의 참배길을 '나리타산오모테산도'라고 부르는데, 을씨년스러운 날씨에도 불구하고 발 디딜 틈이 없었다. 부모의 품에 안긴 갓난아기와 팔짱을 끼고 걸어가는 젊은 연인, 그리고 자녀의 부축을 받으며 걸어가는 노인까지, 나이와 성별을 불문한 참배객이 사원을 향해 각자의 속도로 나아가고 있었다.

그 틈바구니에 섞여 천천히 걸음을 옮기다 보니, 사원의 긴 역사를 증명하듯 길 양옆으로 전통 가옥이 나타나기 시작했다. 오래된 건물 안에는 상점과 식당, 여관이 빼곡히 들어서 있는데, 세련된 기념품이나 공예품 가게가 있는가 하면, 도심에서 찾기 어려운 옛날식 수제 과자집과 반찬 가게, 한방 약국도 보였다. 지바현의 특산품인 땅콩에서부터 전통 술과 음료, 갓 구운 전병과 풀빵 등 갖가지 먹거리에 인심 좋은 시식 코너까지 펼쳐 놓은 상인들의 유혹에 자꾸만 걸음이 멈췄다. 정신을 차려보니 어느새 한 손에는 달콤한 고구마튀김이, 또 다른 한 손에는 전병 꼬치가 들려 있었다. '염불에는 마음이 없고 잿밥에만 마음이 있다'라는 말이 이래서 생긴 걸까.

쇼핑과 식도락

삼매경에 빠졌다가 겨우 도착한 나리타산신쇼지는 그 명성만큼이나 광활한 규모를 자랑했다. 두 개의 커다란 문을 지나 가파른 돌계단을 오르니, 거대한 향로가 놓인 광장과 TV에서 본 대본당이 웅장한 자태를 드러냈다. 1968년에 새로 지어진 정갈하고 널찍한 본당 건물로, 안에는 사원의 주인이나 다름없는 부동명왕상이 안치되어 있다.

계단을 꽉 채운 인파가 넘실거리며 대본당으로 들어갔다 나오기를 반복하고, 통행을 정리하는 안내원의 목소리가 바쁘게 울려 퍼졌다. 분주함 속에서 어렵게 마주한 부동명왕상은 그동안 봐온 인자한 표정의 불상과는 달리 험상궂기 그지없었다. 타오르는 불 앞에 앉아 오른손에는 검을, 왼손에는 포승줄을 쥐고 있는데, 인간을 괴롭히는 고민과 미혹을 잘라내고, 올바른 길로 이끌기 위해서라고 한다.

내 눈에는 무섭게만 보이지만, 나리타 사람들에게는 오랜 시간 동안 도시를 지켜준 고마운 존재다. 진언종의 창시자인 구카이空海 대사가 조각한 이 부동명왕상은 원래 교토에 있었지만, 939년 무장 다이라노 마사카도가 간토 지방에서 반란을 일으키자 무사 평정을 기원하기 위해 나리타로 옮겨졌다. 그런데 왕의 명령을 받은 고승이 그 앞에 불을 피워 놓고 21일간 기도하자, 승승장구하던 다이라노 마사카도의 기세가 기적처럼 꺾이면서 반란이 평정됐다고 한다. 그 후 평화가 지속하기를 바라는 뜻에서 부동명왕상을 돌려보내지 않고 나리타산신쇼지를 세워 모셔 온 것이다. 새로울 '신新'과 이길 '승勝'자를 쓰는 사원의 이름도 여기에서 유래했다.

부동명왕상을 유명하게 만든 사건은 하나 더 있다. 때는 에도 시대(1603~1868), 그 주역은 당대 최고의 가부키 배우였던 1대 이치카와 단주로市川團十郎다. 배우로서 정점에 올랐지만, 대를 이을 자손을 보지 못해 고민하던 그는 나리타산신쇼지의 부동명왕상을 찾아가 정성껏 기도를 올렸다. 그 간절함이 통했는지 고대하던 남자아이가 태어났고, 이에 감동한 단주로는 부동명왕을 주제로 한 연극을 만든다. 이 공연이 성행하며, 부동명왕상의 영험함이 전국에 알려지게 된 것이다.

부동명왕상의 신비로운 힘을 곧이곧대로 믿지 않지만, 누구에게나 기댈 곳은 필요한 법이다. 신이든, 사람이든, 혹은 내면에 간직한 자신만의 철학이든, 그 대상을 통해 마음의 위안과 용기를 얻는다면, 바라던 일을 실제로 이뤄낼 가능성도 조금은 높아지지 않을까.

복잡한 대본당을 빠져나와 겨울 공기를 힘껏 들이켰다. 짙은 향냄새에 몽롱해졌던 머리가 맑아지는 기분이었다. 가장 중요한 부동명왕상을 보았으니 방문 목적은 달성한 셈이지만, 나리타산신쇼지에는 온종일 둘러봐도 버거울 정도로 볼거리가 즐비했다. 대본당 바로 앞에는 1712년 고승이 성스러운 꿈을 꾼 뒤 만들었다는 25m 높이의 삼중탑이 호화로운

장식을 뽐낸다. 대본당 뒤편에 난 계단을 오르니, 예전 본당 건물과 신도들이 봉납한 액자와 패 등을 보관하는 장소 등 유구한 문화재가 차례차례 등장했다.

사원 가장 안쪽에는 나라타산신쇼지의 또 다른 명물인 평화의 대탑이 우뚝 서 있었다. 나리타산오모테산도에서도 그 꼭대기가 보일 정도로 거대한 이 탑은 1984년에 지어졌으며, 높이는 58m에 달한다. 총 5층 구조로 구성된 탑 내부는 불교와 관련된 전시물로 채워져 있는데, 1층에는 경전을 필사할 수 있는 체험관도 마련되어 있었다. 또 탑 아래에는 재미있는 소장품이 타임캡슐처럼 묻혀 있다고 한다. 바로 완공 당시 세계 11개국 지도자들이 보내온 화합의 메시지로, 개봉 연도는 2434년. 그 아득한 미래에 전 세계 분쟁이 사라질지는 알 수 없지만, 참배 길의 끝에 다름 아닌 평화의 상징물이 있다는 사실은 의미 깊게 다가왔다.

새해를 맞아 사원 곳곳에서 정성스레 소원을 쓰거나 기대감에 부푼 얼굴로 운세를 뽑던 사람들 속에서 나 역시 희망에 부풀었다. 그러나 얄궂게도 하쓰모데를 다녀온 지 얼마 뒤, 전례 없는 감염병이 출현해 새해 계획은 물론 평범한 일상마저 어그러트리기 시작했고, 몇 달 뒤에는 건강과 일자리마저 위협받는 처지에 놓이고 말았다. 모두에게 잔인했을 시기를 버티며, 나는 이따금 나리타산신쇼지에서 스쳐 지나간 사람들의 흐릿한 모습을 떠올리곤 했다. 그들이 간절하게 빈 소원은 과연 몇 개나 실현됐을지, 그리고 지금은 괜찮을지….

그제서야 나는 승리를 상징하는 부동명왕상보다 평화를 향한 세계 각국의 염원이 모인 평화의 대탑이야말로 나리타산신쇼지의 본질일지도 모른다는 생각이 들었다. 신년이 다가오면, 사람들은 삶에 필요하다고 생각되는 목표를 한가득 꺼내지만, 정작 중요한 것은 그 모든 바람이 무너져도 여전히 삶을 사랑할 수 있는 올곧고 단단한 마음이다. 사원의 끝자락에 평화의 대탑이 서 있는 이유는 혹시 부동명왕상에게 빈 소망이 성취되지 않아도 내면의 평온을 잃지 말라는 뜻은 아니었을까. 이기고 지는 일, 성공이나 실패에 상관없이 자신만의 길을 꾸준히 걷다 보면 결국 언젠가 원하는 자리에 이르게 된다는 인생의 순리를 이제는 조금 알 것 같다.

산책 tip

JR 나리타선 나리타역成田駅 또는 게이세이전철 게이세이나리타역京成成田駅에서 나리타산신쇼지까지 걸어서 약 15분이면 도착한다. 기념품 가게와 카페, 레스토랑 모두 역과 사원 사이에 밀집되어 있다. 나리타국제공항과 가까우므로 출국 전이나 입국 후에 들러 코인 로커에 짐을 맡긴 뒤 산책해도 좋다.

가 볼 만한 곳

**가와토요 본점**川豊本店

나리타산오모테산도에 남은 에도 시대의 흔적 중 하나는 먼 길을 걸어온 참배객에게 대접했던 장어 요리다. 가와토요 본점은 장어 손질에서부터 조리까지 도맡아 하는 가게로, 달짝지근한 소스가 배인 밥은 기름진 장어 살과 조화롭게 어우러지고, 장어 내장을 우린 국도 개운하다.

**주소** 千葉県成田市仲町386

**문의** www.unagi-kawatoyo.com

### 나리타산신쇼지成田山新勝寺

일본인은 나리타산신쇼지의 부동명왕상을 친근하게 '오후도사마お不動様' 라고도 부른다. 매년 하쓰모데 행사가 성황리에 열리는 만큼 연말연시에는 축제 분위기에 휩싸이지만, 그 외에는 비교적 호젓하게 산책할 수 있다. 일본 중요문화재로 지정된 5개의 건축물을 보유하고 있으며, 지금도 매일 참배객의 소원 성취를 위해 불을 피워 기도하는 호마 의식을 거행한다. 또한, 사원과 연결된 16만 5천㎡ 넓이의 나리타산공원成田山公園은 서양식 정원과 3개의 연못으로 구성된 일본식 정원, 그리고 겨울마다 불긋하게 물드는 매화 숲 등을 갖췄다.

**주소** 千葉県成田市成田1

**문의** www.naritasan.or.jp

**나리타산오모테산도**成田山表参道

특색 있는 가게가 늘어선 참배길로, 화과자나 말차, 깨, 밤 등 테마가 뚜렷한 전문점과 현지인의 생활을 엿볼 수 있는 잡화점이 많아 구경하는 재미가 있다. 에도 시대의 정취를 만끽하며 천천히 구경하다 보면, 누구나 자신만의 보물 하나쯤 발견하게 되지 않을까.

주소 千葉県成田市上町

**하시라 델리 & 카페**はしらデリ&カフェ

나리타산오모테산도를 살짝 벗어난 골목에 숨어 있는 카페로 음료와 간단한 식사 메뉴를 판매한다. 가정집에 온 듯 편안한 인테리어를 자랑하며, 역과도 가까워 여행의 아쉬움을 달래며 잠시 쉬어 가기 좋다.

**주소** 千葉県成田市花崎町839-30

**문의** 0476-22-0789

不動
不動
うどん
うどん
そば
うどんそば

## 지바현 사쿠라佐倉

# 사무라이: 무사와 칼, 그리고 벚꽃

여행지로서 일본의 매력은 벚꽃 필 무렵 정점에 다다른다. 겨울의 기운이 다 가시지 않은 3월에서 4월 사이, 반가운 봄 햇살 아래 구름처럼 피어오른 연분홍빛 꽃들이 온 동네를 밝히고, 그 아래 알록달록한 포장마차가 늘어선다. 또 해가 진 뒤 깜깜한 하늘에 흐드러진 밤 벚꽃, 요자쿠라夜桜는 얼마나 매혹적인지. 매일 걷던 거리도 특별하게 느껴지는 이 기이한 현상은 봄의 정령인 벚꽃이 부리는 고마운 마법일 테다. 하지만, 이 시기를 제대로 누리려면 운이 따라야 한다. 변화무쌍한 개화일은 좀처럼 쉬는 날과 겹치는 법이 없고, 만발하고 나면 꼭 기다렸다는 듯 봄비가 내려 가녀린 꽃잎을 떨어뜨려 버리니까….

그래서일까. 벚꽃 하면 시작이나 설렘, 청춘을 떠올리는 우리나라 사람과 달리, 일본인은 오래전부터 벚꽃을 죽음과 결부해 왔다. 한번 피기 시작하면 순식간에 절정에 이르고, 가장 화려할 때 덧없이 흩어지는 꽃잎이 생의 무상함을 보여주기 때문이리라. 그리고 그 슬픔 속에서 아름

다움을 느끼는데, 바로 일본인만의 미의식이라 불리는 모노노아와레物の哀れ다. 일본인이 아니라서인지 내게는 여전히 알쏭달쏭한 개념이지만, 어떤 존재나 사건을 접했을 때 그와 동화되듯 순수하게 느껴지는 비애미라고 이해하고 있다.

지는 벚꽃
남은 벚꽃도
지는 벚꽃
散る桜
残る桜も
散る桜

에도 시대(1603~1868) 시인인 료칸良寬은 이 짧은 시를 통해 모든 생명은 필연적으로 끝을 향해 나아가고 있음을 선언했다. 오랫동안 사무라이가 지배해 온 칼의 나라였기에, 청초하게 흩날리는 꽃잎을 보면서도 죽음의 이미지가 더 강렬하게 다가왔는지도 모르겠다. '꽃은 벚꽃, 사람은 무사花は桜木、人は武士'라는 일본 속담도 비슷한 맥락이다. 원래 일본의 국민극인 「주신구라忠臣藏」에 나오는 대사인데, 작품은 주군을 잃은 47인의 사무라이들이 복수에 성공한 뒤 단체로 할복한 실제 사건을 바탕으로 한다. 어찌 보면 잔인하고 허무한 이야기지만, 지금도 꾸준히 공연이 열리고 있다. 어쩌면 일본인의 정서에 무사도에 대한 동경이 여전히 남아있는

것이 아닐까. 극의 클라이맥스이기도 한 할복 장면에서는 어김없이 벚나무가 무사들의 곁을 지킨다.

사무라이의 고전적 은유인 벚꽃. 그러니 지바현에 위치한 '사무라이의 도시' 이름이 사쿠라佐倉인 것은 우연이 아닐지도 모르겠다. 비록 벚꽃을 뜻하는 사쿠라桜와 한자는 달라도, 듣는 순간 누구나 동명의 꽃 이름을 떠올릴 수밖에 없으니 말이다. 그래서 이곳은 왠지 봄에 방문하고 싶었지만, 벚꽃 운이 좋지 않은 나는 언제나처럼 시기를 놓쳐버렸다. 사쿠라로 떠났을 때는 이미 푸른 잎사귀가 벚나무를 뒤덮은 뒤였다.

사쿠라역 2층에서 마을 전경을 내려다보니, 어린 시절 스케치북에 한 번쯤 그렸을 법한 마을 풍경이 떠올랐다. 머리 위에는 노란 해님이 빛나고, 시원하게 펼쳐진 파란 하늘에는 흰 구름이 떠다니고, 그 아래에는 싱그러운 녹음이 무성한 마을. 졸졸 소리를 내며 흐르는 하천과, 언뜻 서로 비슷해 보이지만 현관 장식이나 지붕 색으로 수줍게 개성을 드러내는 주택까지, 무엇 하나 조화롭지 않은 구석이 없었다. 곱게 가꿔진 화

단과 작디작은 놀이터를 구경하는 사이 자연스레 입가에 미소가 번졌다.

이토록 안온한 마을 한쪽에는 놀랍게도 사무라이가 살던 거리인 사쿠라부케야시키가 남아 있다. 에도 시대에 지어진 무사 저택을 복원해 총 세 채를 공개하고 있는데, 일반 주택가 근처에 태연히 자리하고 있어 오히려 신선하게 느껴졌다. 수백 년 전 사무라이의 흔적과 현대인이 공존하는 풍경이라니…. 게다가 두 채의 집에는 출입을 지켜보는 사람도 없어, 누가 표를 사지 않고 들어가면 어쩌나 걱정스러울 정도였다.

매표소에서는 연세 지긋한 직원이 유난히 반갑게 맞아주어 환영받는 기분이 들었다. 신발을 벗고 올라선 사무라이의 집은 생각보다 검소했다. 아래에는 나지막한 돌계단이 받치고, 위는 초가지붕이 덮고 있으며, 주위는 아담한 정원에 둘러싸인 집. 누구나 거뜬하게 뛰어넘을 수 있을 법한 나지막한 담과 텃밭도 무사의 집이라기보단 오래된 시골집 같았다.

아궁이 딸린 부엌과 욕실에 놓인 좁다란 나무 욕조, 그리고 집터에서 출토됐다는 항아리나 그릇도 그저 평범한 인간의 생활상을 보여줄 뿐이었다. 다다미방에 보란 듯이 놓인 갑옷과 칼자루가 아니었다면, 학자의 집이라 해도 고개를 끄덕였으리라.

그렇다면 사무라이 하면 머릿속에 떠오르는 강인하고 화려한 이미지는 어디에서 왔을까. '모시다'라는 뜻을 가진 동사 사부라우侍에서 유래한 사무라이는 본래 귀인의 경호원에 불과했으나, 왕이나 귀족이 아닌 무사가 권력을 잡으면서 지배 계층으로 부상했다. 사무라이의 전성기를 꼽자면 전국 영주들이 무사단을 이끌고 영토 전쟁을 벌이던 센고쿠 시대(1467~1615)다. 천하를 지배하기 위해 서로 죽고 죽이던 혼란의 시대이자, 오다 노부나가織田信長와 도요토미 히데요시豊臣秀吉, 도쿠가와 이에야스徳川家康, 다케다 신겐武田信玄 등 쟁쟁한 무장들이 실력을 겨루던 박진감 넘치는 시대. 그리고 사무라이에게는 오로지 지략과 무술로 인생을 바꿀 기회의 시대였을 것이다. 어쩌면 내가 막연히 상상해 온 위엄 있는 사무라이는 센고쿠 시대를 다룬 영화나 드라마에 나온 미화된 모습일지도 모르겠다. 단단한 갑옷과 투구, 살기 어린 눈빛으로 무장한 채 약육강식의 세계에 거침없이 뛰어드는 무사의 전형 말이다.

하지만, 일본이 통일되고 평화가 찾아온 에도 시대에 사무라이의 삶은 녹록지 않았나 보다. 전쟁이 사라지니 자연스레 그들의 존재 가치도 빛이 바랬다. 게다가 엄격해진 신분 제도 탓에 많은 중급과 하급 무사들은 정해진 계급과 거주지에 갇혀 평생을 살아야 했다. 사쿠라부케야시키에 거주하던 사무라이도 당시 행정 단위인 번藩에 소속된 중급 무사였다고 하니, 평생 칼 한 번 휘둘러 볼일 없었던 이름뿐인 사무라이였을 가능성도 높다.

예상과 달리 인간미가 다분했던 사무라이의 집을 나와 사쿠라부케야시키의 끝에 있는 언덕길, 히요도리자카를 걸었다. 울창한 대나무 숲 사이로 난 좁은 흙길은 에도 시대와 거의 변하지 않았다고 한다. 하늘을 다 가릴 듯 치솟은 대나무의 기세에 감탄하며 조심스레 언덕을 내려오는 사이, 예보에 없던 여우비가 쏟아져 내렸다. 우산이 없었던 나는 햇살과 함께 떨어지는 비를 그대로 맞은 채, 재빨리 다음 목적지로 걸음을 옮겼다.

사무라이의 상징은 뭐니 뭐니 해도 허리춤에 차고 다니는 장검이다. 빗물을 털어내며 입장한 쓰카모토 미술관은 사쿠라 출신 기업가 쓰카모토 소잔塚本素山이 생전에 모은 일본도를 전시한다. 가깝게는 에도 시대,

멀게는 일본 최초로 무가 정권이 설립한 가마쿠라 시대(1185~1333)에서 온 도검이다. 전체 소장품 중 몸체가 400점, 칼집 250점에 달하지만, 한 번에 관람할 수 있는 일본도는 20자루 남짓. 전시품은 3개월에 한 번 교체된다고 한다.

전시장은 결코 넓다고 할 수 없지만, 짧게는 50cm, 길게는 70cm가 넘는 20여 자루의 일본도가 서슬 퍼런빛을 뿜어내는 광경은 가히 압도적이었다. 게다가 전시 첫머리에 보여주는 칼의 제조 과정은 혀를 내두를 정도로 복잡했다. 검은 모래처럼 생긴 사철을 제련해 뭉툭한 덩어리를 만들고, 그것을 다시 펴고, 분류하고, 가열하고, 형태를 잡고, 두드리고, 담금질하고, 연마하는 등 수많은 단계를 거쳐 한 자루의 검이 탄생하는 것이었다. 일일이 사람 손으로 제작됐을 얇고 매끄러운 검을 보고 있으니, 왜 진심이나 진지한 태도를 일본어로 진검, 혹은 '신켄真剣'이라고 표현하는지 알 듯했다. 수많은 시행착오 끝에 어렵게 탄생한 귀한 진검, 게다가 누군가를 죽일 수도, 구할 수도 있는 물건을 들면 자연스레 웃음기가 사라지기 마련이다.

새하얀 천 위에 전통 예술품으로서 모셔진 검이었지만, 그림이나 도자기를 감상할 때와는 달리 마음 한구석이 무거웠다. 이토록 정교하게 칼을 간 목적은 결국 사람을 쉽게 해하기 위해서다. 잘 알려져 있듯, 사무라이의 검은 적군뿐 아니라 자신을 베는 데도 사용됐다. 단검으로 자신의 아랫배를 찔러 왼쪽에서 오른쪽으로, 그리고 다시 위쪽으로 가르는 할복은 주로 적에게 잡혔거나 자신의 실책을 책임지기 위해, 혹은 주군에 대한 충성심을 증명하기 위해 행하던 자살법이었다. 그러다 시간이 지나면서 어차피 사형에 처할 무사의 명예를 지켜 주는 하나의 선택지로 바뀐 것이다. 할복만으로 쉽게 죽음에 이르지 않으면, '가이샤쿠介錯'라고 불리는 사람이 옆에서 장검으로 목을 내리쳐 주었다고도 한다. 말로는 자살이라고 하지만, 사실은 죽음을 종용당한 셈이다.

사무라이의 도시를 떠나며, 나는 사쿠라를 봄이 아닌 여름에 방문하길 잘했다고 생각했다. 철없던 시절에는 막연한 죽음보다 뚜렷한 노화가 두려워, 꽃다운 나이에 세상을 떠난 이들을 내심 동경했었다. 가장 찬란했던 모습으로 영원히 기억될 수 있으니까. 하지만 이제는 겨우 한 철 빛나다 떨어지는 벚꽃보다는 대나무처럼 끈질긴 생명력으로 사시사철 싱그러움을 뽐내는 존재를 사랑하려 한다. 비록 화려하진 않더라도 생의 가능성을 남김없이 끌어내려 발버둥 치는 용기가, 그리고 그 선택을 응원하는 사회가 훨씬 아름답다고 나는 믿는다.

### 산책 tip

JR 사쿠라역佐倉駅 또는 게이세이사쿠라역京成佐倉駅에서 산책을 시작했다. 국립민속박물관까지는 택시로, DIC 가와무라 기념 미술관까지는 셔틀버스로 이동했다. DIC 가와무라 기념 미술관을 방문할 예정이라면, 도쿄역東京駅에서 출발하는 고속버스를 이용하면 편리하다. 미술관에서 사쿠라역과 게이세이사쿠라역까지는 무료 셔틀버스를 운행한다.

### 가 볼 만한 곳

**구 홋타 저택**旧堀田邸

사쿠라를 260년간 지배해 온 홋타 가문. 마지막 영주였던 홋타 마사토모가 1890년에 지은 저택으로, 2006년 일본 국가 중요문화재로 지정됐다. 내부에 들어가 자유롭게 관람할 수 있으며, 저택을 둘러싼 정원은 무료로 개방되어 있다.

**주소** 佐倉市鏑木町274

**문의** 043-483-2390

**국립역사민속박물관**国立歴史民俗博物館

총 6개의 전시실을 통해 선사시대에서부터 오늘날에 이르기까지 일본의 역사와 전통을 그들의 시선에서 조명한다. 꼼꼼하게 둘러보려면 하루로도 부족할 만큼 방대한 규모를 자랑하며, 한국인으로서 생각할 거리가 많은 곳이다.

**주소** 千葉県佐倉市城内町117

**문의** www.rekihaku.ac.jp

**멘야 판도라**麺屋 ぱんどら

복서 출신의 사장님이 운영하는 라멘 가게로, 가게 내부에는 선수 시절 사진과 동료들의 사인, 그리고 메달이 잔뜩 전시되어 있다. 일본 라멘 중에서도 면을 녹진한 소스에 찍어 먹는 쓰케멘つけ麺을 전문으로 하며, 대표 메뉴는 된장소스 베이스의 삼겹살 쓰케멘이다.

**주소** 千葉県佐倉市鏑木町1-7-21

**문의** 043-484-7344

**사쿠라부케야시키**佐倉武家屋敷

에도 시대 후기에 지어진 총 3채의 사무라이 집, 구가와라가河原家 주택, 구다지마가但馬家 주택, 구다케이가武居家 주택을 공개하고 있다. 무사의 계급에 따라 규모가 다르다. 대나무 숲길인 히요도리자카ひよどり坂와 가깝다.

**주소** 佐倉市宮小路町57

**문의** 043-486-2947

### 사쿠라 후루사토 광장佐倉ふるさと広場

인바 늪印旛沼 주변의 호젓한 자연을 만끽할 수 있는 휴식처로, 네덜란드와 일본의 우호를 기념하며 1994년에 세워진 풍차 리후데가 이국적인 정취를 더한다. 봄에는 벚꽃과 튤립, 여름에는 해바라기, 가을에는 코스모스를 심는다.

**주소** 佐倉市臼井田2714

**문의** 043-484-6165

### 쓰카모토 미술관塚本美術館

전통 도검 마니아에게 가뭄의 단비 같은 공간. 비록 외국어로 번역된 설명문은 없으나, 제조공정과 20자루의 칼을 눈으로 보는 것만으로도 진귀한 경험이다. 일본도의 감정과 상담도 진행하며, 입장은 무료다.

**주소** 佐倉市裏新町1-4

**문의** 043-486-7097

### DIC 가와무라 기념 미술관DIC川村記念美術館

DIC 주식회사의 2대 회장인 가와무라 가쓰미川村勝巳의 컬렉션을 전시하는 미술관으로, 전체 소장품이 1,000점 이상이다. 렘브란트, 모네, 피카소, 샤갈 등 서양 근대미술과 마크 로스코, 프랭크 스텔라 등 현대 추상주의 작품이 특히 풍부하다.

주소 千葉県佐倉市坂戸631

문의 kawamura-museum.dic.co.jp

**차고토신메이**茶琴神明

일본 전통문화를 향한 애정과 유기농 채소 위주의 음식 철학이 돋보이는 카페. 100년 넘은 건축물 안에서 일본 민요와 악기를 가르치는 한편, 식자재를 남기지 않는 매크로바이오틱 식사법과 사찰 요리에 기반한 가벼운 점심과 디저트 메뉴를 제공한다.

주소 千葉県佐倉市鏑木町1200-1

문의 www.chagoto-shinmei.jp

단 하나의 풍경이나 경험을 위해 짧게는 반나절, 길게는 하루를 온전히 소비하고 싶은 장소가 있다. 본문에는 싣지 못했지만, 유독 아쉬움이 남는 도쿄 근교의 산책 스폿을 이곳에 덧붙인다.

**가나가와현 리비에라 즈시마리나**

국내 여행객에게 잘 알려진 가마쿠라에서 남쪽으로 조금만 더 내려가면, 해변이 아름다운 휴양지 즈시·하야마逗子・葉山가 나온다. 특히, 1971년에 탄생한 리비에라 즈시마리나는 요트 하버와 호텔, 레지던스, 테니스 코트 등을 갖춘 복합 리조트로, 긴 야자수길과 바다에 정박한 요트가 여유로운 분위기를 풍긴다. 대부분의 시설은 회원제로 운영되지만, 바다가 보이는 이탈리안 레스토랑 리스토란테AOリストランテAO와 카페 메뉴와 코스 요리를 모두 갖춘 말리부 팜マリブファーム 등은 일반 방문객에게도 열려 있다. 소설 『설국』을 쓴 가와바타 야스나리가 생을 마감한 곳이기도 하다.

JR 즈시역逗子駅 또는 게이큐 전철 즈시·하야마역逗子・葉山駅에서 노선버스를 이용해 리비에라 즈시마리나 마에リビエラ逗子マリーナ前 버스 정류장에서 내리면 된다. 가마쿠라역에서 출발할 경우 도보 7분 거리인 고쓰보小坪 버스 정류장을 이용할 것.

**주소** 神奈川県逗子市小坪5-23-9

**문의** www.riviera.co.jp/zushi

**도치기현 아시카가 플라워 파크**あしかがフラワーパーク

일 년 내내 꽃향기에 취할 수 있는 꽃의 테마파크. 매년 4월 중순에서 5월 말까지 등나무꽃이 흐드러지게 피어 방문객으로 붐빈다. 한 그루만으로도 온 하늘을 뒤덮는 놀라운 생명력과 샹들리에처럼 늘어뜨린 덩굴줄기에서 알알이 빛나는 등꽃이 감탄을 자아낸다. 등꽃 향을 입은 보라색 소프트아이스크림도 명물. 보통 10월 말부터 이듬해 2월 초까지는 라이트업 행사를 열어 색다른 매력을 뽐낸다.

JR 료모선 아시카가 플라워 파크역あしかがフラワーパーク駅에서 도보 약 3분, 도미타역富田駅에서 도보 약 13분 소요된다.

**주소** 栃木県足利市迫間町607

**문의** www.ashikaga.co.jp

**야마나시현 사도야 와이너리**サドヤワイナリー

일본을 대표하는 포도 생산지인 고후甲府. 과수원만큼 와이너리도 풍부하다. 그중 1917년부터 일찍이 와인 생산을 시작한 사도야 와이너리는 JR 고후역甲府駅에서 도보 5분 거리에 위치해 대중교통만으로도 접근하기 편하다. 와이너리와 와인숍뿐 아니라 서양식 웨딩 홀과 프렌치 레스토랑 등 다양한 부대 시설도 갖췄다. 홈페이지를 통해 예약한 후 방문하면 약 30분에서 40분에 걸쳐 양조장과 저장고를 견학할 수 있으며, 합리적인 가격에 사도야 와인을 맛볼 수 있다. 주변의 다른 명소로는 도시 전경을 감상할 수 있는 고후성甲府城과 레스토랑, 카페, 기념품 가게 등이 늘어선 고슈유메코지甲州夢小路 등이 있다.

**주소** 山梨県甲府市北口3-3-24

**문의** www.sadoya.co.jp

**이바라키현 국영 히타치 해빈공원**国営ひたち海浜公園

히타치나카ひたちなか에 자리한 일본의 국영 공원. 개방 면적만 200ha에 가깝다. 언제 방문해도 만발한 꽃과 싱그러운 숲길, 유원지와 바비큐장 등을 즐길 수 있지만 가장 눈길을 끄는 스폿은 미하라시 언덕. 4월 중순에서 5월 초까지는 푸른 네모필라가 언덕을 뒤덮고, 10월에는 연두색에서 붉은색으로, 다시 황금빛으로 바뀌는 코키아가 주인공이 된다.

JR 조반선 가쓰타역勝田駅에서 노선버스로 환승해 가이힌코엔니시구치海浜公園西口 정류장에서 내리거나, 도쿄역 야에스미나미구치八重洲南口에서 출발하는 고속버스를 이용할 수 있다. 4월 말에서 5월 초까지는 아시카가 플라워 파크와 국영 히타치 해빈공원을 한 번에 돌아보는 버스 투어 상품도 출시된다.

**주소** 茨城県ひたちなか市馬渡字大沼605-4

**문의** hitachikaihin.jp

**지바현 사와라노마치나미**佐原の町並み

가와고에에게는 미안하지만 가토리香取에 위치한 사와라에서도 가와고에 못지않게 짙은 에도의 향취가 느껴진다. 에도 시대(1603~1868)에 수로로 쌀을 비롯한 여러 물자를 운송하며 전성기를 맞은 지역으로, 지금도 JR 사와라역佐原駅에서 도보 약 10분 거리인 사와라노마치나미에 당시 가게와 건물이 다수 남아 있다. 도쿄를 비롯한 수도권 일대에서는 처음으로 1996년에 '국가 중요 전통 건조물군 보존지구'로 선정됐다. 에도 시대 상인이자 과학자로 일본 최초의 실측 지도를 완성한 이노 다다타카 기념관과 생가, 그리고 오노 강을 유람하는 나룻배도 인기. 버드나무가 살랑거리는 약 500m 길이의 고즈넉한 강변 길을 걸으며, 오래됐지만 낡지 않은 옛 정서를 만끽해 보자.

**주소** 千葉県香取市佐原イ1903-1

**문의** sawara-machinami.com

## 참고 자료

### 도서

『3 Days in 가나자와』 RHK 여행연구소 지음 | 알에이치코리아 (2017)
『설국』 가와바타 야스나리 지음, 유숙자 옮김 | 민음사 (2002)
『일본을 강하게 만든 문화코드 16』 김석근, 박규태, 박전열 외 지음 | 나무와숲 (2010)
『일본적 마음』 김응교 지음 | 책읽는고양이 (2017)
『도쿠가와 이에야스』 나카무라 도키조 지음, 박현석 옮김 | 현인 (2023)
『달려라 메로스』 다자이 오사무 지음, 유숙자 옮김 | 민음사 (2022)
『국화와 칼』 루스 베네딕트 지음, 박규태 옮김 | 문예출판사 (2008)
『일본 녹차 수업』 문기영 지음 | 이른아침 (2022)
『일본정신분석』 박규태 지음 | 이학사 (2018)
『가나자와에서 일주일을』 박현아 지음 | 가쎄 (2014)
『여자보다 약한』 샬럿 메리 브레임 지음, 이윤섭 옮김 | 필맥 (2019)
『지브리의 천재들』 스즈키 도시오 지음, 이선희 옮김 | 포레스트북스 (2021)
『토토로가 태어난 곳』 스튜디오 지브리 지음 | 대원앤북 (2019)
『사무라이』 스티븐 턴불 지음, 남정우 옮김 | 플래닛미디어 (2010)
『일본의 사소설』 안영희 지음 | 살림출판사 (2006)
『금색야차 - 상』 오자키 고요 지음, 박미숙 박진수 임만호 옮김 | 역락 (2019)
『금색야차 - 하』 오자키 고요 지음, 류정훈 박진수 임만호 옮김 | 역락 (2020)
『바닷마을 다이어리 세트 - 전9권』 요시다 아키미 지음, 이정원 조은하 옮김 | 문학동네 (2021)
『알면 다르게 보이는 일본 문화 1』 이경수, 강상규, 동아시아 사랑방 포럼 지음 | 지식의 날개 (2021)
『알면 다르게 보이는 일본 문화 2』 이경수, 강상규, 동아시아 사랑방 포럼 지음 | 지식의 날개 (2022)
『아무날에는 가나자와』 이로, 모모미, 이케다 아사코 지음 | 이봄 (2019)
『축소지향의 일본인』 이어령 지음 | 문학사상 (2008)
『주신구라』 이준섭 지음 | 살림출판사 (2005)
『이야기와 감동이 있는 일본문화 탐방』 장남호, 이묘희, 이지숙 외 지음 | 궁미디어 (2013)
『처음 읽는 일본사』 전국역사교사모임 지음 | 휴머니스트 (2013)
『현대인의 차생활』 최배영, 장칠선, 박영숙 지음 | 이담북스 (2010)
『아무날에는 가나자와』 이로, 모모미, 이케다 아사코 지음 | 이봄 (2019)
『가와바타 야스나리』 허연 지음 | 아르테 (2019)

## 지역별 공식 관광 사이트

| | |
|---|---|
| 가나자와 | visitkanazawa.jp/kr |
| 가루이자와 | karuizawa-kankokyokai.jp |
| 가마쿠라 | www.city.kamakura.kanagawa.jp/visitkamakura/ko |
| 가와고에 | koedo.or.jp/ko |
| 구사쓰 | gunma-kanko.jp |
| 나리타 | www.nrtk.jp |
| 닛코 | www.nikko-kankou.org |
| 도코로자와 | www.tokoro-kankou.jp |
| 미우라 | miura-info.ne.jp |
| 사쿠라 | www.sakurashi-kankou.or.jp |
| 시즈오카 | www.visit-shizuoka.com/kr |
| 아타미 | www.ataminews.gr.jp |
| 에노시마 | www.fujisawa-kanko.jp |
| 오다와라 | www.odawara-kankou.com |
| 요코스카 | www.cocoyoko.net |
| 요코하마 | www.yokohamajapan.com/kr |
| 유자와 | www.snow-country-tourism.jp |
| 하마마쓰 | www.hamamatsu-japan.com/ko |
| 하코네 | www.hakone.or.jp |
| 후지카와구치코 | fujisan.ne.jp |

# 도쿄 근교를 산책합니다

일상인의 시선을 따라가는 작은 여행, 특별한 발견

---

**1판 1쇄 인쇄** 2023년 9월 14일

**1판 1쇄 발행** 2023년 9월 21일

지 은 이 이예은

펴 낸 이 최수진

펴 낸 곳 세나북스

출판등록 2015년 2월 10일 제300-2015-10호

주 소 서울시 종로구 통일로 18길 9

홈페이지 http://blog.naver.com/banny74

이 메 일 banny74@naver.com

전화번호 02-737-6290

팩 스 02-6442-5438

I S B N 979-11-982523-6-4 03980